数字电子技术基础
同步辅导与习题详解

主编　星峰研学电子通信教研组

北京理工大学出版社
BEIJING INSTITUTE OF TECHNOLOGY PRESS

版权专有　侵权必究

图书在版编目（CIP）数据

数字电子技术基础同步辅导与习题详解手写笔记 / 星峰研学电子通信教研组主编. -- 北京：北京理工大学出版社，2024.10.
ISBN 978-7-5763-4488-2

Ⅰ．TN79

中国国家版本馆CIP数据核字第2024C1X970号

责任编辑：多海鹏　　文案编辑：多海鹏
责任校对：周瑞红　　责任印制：李志强

出版发行 / 北京理工大学出版社有限责任公司
社　　址 / 北京市丰台区四合庄路 6 号
邮　　编 / 100070
电　　话 / （010）68944451（大众售后服务热线）
　　　　　（010）68912824（大众售后服务热线）
网　　址 / http://www.bitpress.com.cn

版 印 次 / 2024 年 10 月第 1 版第 1 次印刷
印　　刷 / 三河市良远印务有限公司
开　　本 / 787 mm × 1092 mm　1/16
印　　张 / 16.5
字　　数 / 412 千字
定　　价 / 52.80 元

图书出现印装质量问题，请拨打售后服务热线，负责调换

前言

致追梦者的启航信：探索数字电子技术的星辰大海

亲爱的同学们，大家好！我是专注电子通信考研的小峰学长。在浩瀚的知识海洋中，数字电子技术（简称数电）作为电子通信领域的基石，不仅承载着技术进步的梦想，还为无数学子铺就了通往专业殿堂的道路。历经数载春秋，我有幸在这条既充满挑战又极具魅力的教育之路上，有着超过7000小时的一线课程教学经验，与众多志同道合的学子并肩作战，共同跨越了从理论到实践的鸿沟，帮助许多学子成功上岸。这份积累，让我对数电的奥秘与精髓有了独到的见解。在本书的编写过程中，我始终秉持着严谨求实的态度，力求将数电的精髓以最清晰、最准确的方式呈现给读者。

面对市面上纷繁多样的数电教材，我深知每本书都有其独特的魅力与价值。它们虽形式各异，但核心的概念、原理与方法却大同小异。各大院校在命题时，更是博采众长，融合多版教材的精华，旨在全面而深入地考查学生的知识掌握与应用能力。因此，作为学习者，我们需怀揣开放包容的心态，广纳百家之长。

正是基于这样的理念，我倾心打造了这本数电教材辅导书。本书在编写过程中，以阎石教授所著的教材《数字电子技术基础》（第六版）为基石。这不仅是因为该教材在业界享有极高的声誉，更是因为其结构清晰、内容全面、难易适中，非常适合作为学习数电的入门与进阶之选。同时，我也深入挖掘了阎石教授第五版教材的经典元素，并融合了康华光教授《电子技术基础数字部分》（第六版）等国内外优秀教材的精髓，更不乏参考国际知名学者的独到见解与经典习题，如弗洛伊德老师，力求为读者呈现一个既全面深入又充满创新活力的数电知识体系。

然而，数电的学习远不止于此。电子通信领域的各个学科紧密相连，共同编织成一张庞大的知识网络。数电作为其中的核心环节，其理论与技术不仅深刻影响着电子通信领域的发展脉络，还与计算机科学、信号与系统、数字信号处理以及模拟电子技术等多个学科相互渗透、相互促进。在本书中，我将凭借丰富的教学经验和深厚的理论功底，尝试打破学科壁垒，通过探讨诸如"反相器和相位变化关系""组合逻辑电路、时序逻辑电路与记忆系统的关系""量化过程中不可避失真的原因""数制码制移位与计算机语言底层移位的异同和实现"等问题，引导读者从更广阔的视角审视数电学习的深远意义与价值。

在具体使用本书时，读者将会发现其独特的"三模块"结构：划重点、斩题型、解习题。在"划重点"模块中我将章节知识点进行归纳总结并以通俗易懂的文字呈现，帮助读者快速掌握核心要点；在"斩题型"模块中我将结合全国主流高校考研真题和不同版本教材的优秀习题，通过"破题小记一笔"和"星峰点悟"，对各大题型进行总结并提供详细的解题思路、方法和易错点分析，帮助读者熟悉考试题型并掌握解题技巧；在"解习题"模块中我精选了阎石教授第六版教材课后习题中最重要、最经典、最具有代表性的习题，并针对部分习题增加注解，能够使读者在最短的时间内练习优质的习题。同时，以上三部分配备大量的视频课程，提供更为新颖、有效的解题思路和视角，真正做到带领学生举一反三。

总之，通过这本书，不仅能够帮助读者在期末考试中取得好成绩，更能在考研等升学考试中收获高分，甚至由于和其他科目联动以及与实践结合，有助于读者在面试过程中给老师留下深刻的印象。

我们也深知学无止境，书中难免存在不足之处，我们诚挚地邀请每一位读者朋友提出宝贵的批评与建议，您的每一条反馈都是我们不断进步的动力。在未来的版本中，我们将持续优化升级，让这本书成为您学习路上的最强伙伴。

最后，愿您在数电学习的征途中，以梦为马，不负韶华，逢考必过！我们期待在更广阔的舞台上见证您的辉煌与成就！

目录

第一章 数制和码制　1

- 划重点 ———————————————————————————— 1
- 斩题型 ———————————————————————————— 5
- 解习题 ———————————————————————————— 10

第二章 逻辑代数基础　28

- 划重点 ———————————————————————————— 28
- 斩题型 ———————————————————————————— 37
- 解习题 ———————————————————————————— 42

第三章 门电路　61

- 划重点 ———————————————————————————— 61
- 斩题型 ———————————————————————————— 74
- 解习题 ———————————————————————————— 79

第四章 组合逻辑电路　93

- 划重点 ———————————————————————————— 93
- 斩题型 ———————————————————————————— 105
- 解习题 ———————————————————————————— 113

第五章 半导体存储电路（上）——触发器　130

- 划重点 ———————————————————————————— 130
- 斩题型 ———————————————————————————— 141

第五章 半导体存储电路（下）——存储器　144

- 划重点 ———————————————————————————— 144
- 斩题型 ———————————————————————————— 149
- 解习题 ———————————————————————————— 152

第六章 时序逻辑电路　164

　　划重点 ———————————————————————— 164
　　斩题型 ———————————————————————— 172
　　解习题 ———————————————————————— 182

第七章 脉冲波形的产生和整形电路　199

　　划重点 ———————————————————————— 199
　　斩题型 ———————————————————————— 215
　　解习题 ———————————————————————— 220

第八章 数－模和模－数转换　235

　　划重点 ———————————————————————— 235
　　斩题型 ———————————————————————— 246
　　解习题 ———————————————————————— 250

第一章　数制和码制

本章作为数电的第一章，也是各位同学接触到的数电科目的最基础内容，同时也能够用到电子、通信、计算机等学科的基础框架，同学们不可掉以轻心。本章节内容难度不大，更多的是以一些基础概念为主，涉及常用数制的种类、不同数制之间的转换、二进制的算术运算及其原理和步骤、其他常用编码等。其中，难点为二进制的运算和补码的运算。

划重点

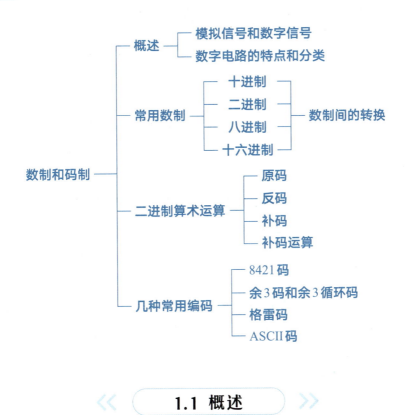

1.1 概述

一、模拟信号和数字信号

电子电路中的信号可以分为两大类：**模拟信号和数字信号**。

模拟信号——时间连续、数值也连续的信号。

数字信号——时间上和数值上均是离散的信号。其中，数字信号只有两个离散值，常用数字**0**和**1**来表示，代表两种对立的状态，称为逻辑**0**和逻辑**1**，也称为二值数字逻辑。

> 各位同学需要注意，这里的0和1没有大小之分

二、数字电路的特点和分类

传递与处理数字信号的电子电路称为<u>数字电路</u>。

> 简单理解，就是处理0,1的电路

数字电路与模拟电路相比主要有下列优点：

① 数字电路是以二值数字逻辑为基础的，易用电路来实现；
② 数字电路组成的数字系统工作可靠，精度较高，抗干扰能力强；
③ 数字电路不仅能完成数值运算，而且能进行逻辑判断和运算；
④ 数字信息便于长期保存，比如可将数字信息存入磁盘、光盘等长期保存；
⑤ 数字集成电路产品系列多、通用性强、成本低。

《 1.2 常用数制 》

一、十进制(Decimal)

数码为 0~9；计数的基数是 10。运算规律：逢十进一，即 $9+1=10$。十进制数的权展开式如

$$(29.04)_{10} = 2\times 10^1 + 9\times 10^0 + 0\times 10^{-1} + 4\times 10^{-2}$$

> 也可用 $(29.04)_D$ 表示十进制

二、二进制(Binary)

数码为 **0**、**1**；计数的基数是 2。运算规律：逢二进一，即 $1+1=10$。二进制数的权展开式如

$$(101.01)_2 = 1\times 2^2 + 0\times 2^1 + 1\times 2^0 + 0\times 2^{-1} + 1\times 2^{-2} = (5.25)_{10}$$

> 也可用 $(101.01)_B$ 表示二进制

三、八进制(Octal)

数码为 0~7；计数的基数是 8。运算规律：逢八进一，即 $7+1=10$。八进制数的权展开式如

$$(207.04)_8 = 2\times 8^2 + 0\times 8^1 + 7\times 8^0 + 0\times 8^{-1} + 4\times 8^{-2} = (135.0625)_{10}$$

> 也可用 $(207.04)_O$ 表示八进制

四、十六进制(Hexadecimal)

数码为 0~9、A~F；计数的基数是 16。运算规律：逢十六进一，即 $F+1=10$。十六进制数的权展开式如

$$(D8.A)_{16} = 13\times 16^1 + 8\times 16^0 + 10\times 16^{-1} = (216.625)_{10}$$

> 也可用 $(D8.A)_H$ 表示十六进制

1.3 二进制算术运算

在数字电路中，**0**和**1**既可以表示逻辑状态，又可以表示数量大小。当表示数量大小时，两个二进制数可以进行算术运算。

一、原码、反码、补码之间的转换

原码：在定点运算的情况下，二进制数的最高位(即最左边的位)表示符号位，且用**0**表示正数，用**1**表示负数，其余部分为数值位。例如

$$(+11)_D = (\boxed{0}1011)$$
$$(-11)_D = (\boxed{1}1011)$$

反码：正数，反码和原码相同；负数，符号位不变，其余位全部取反。

补码：正数，原码 = 反码 = 补码；负数，在反码的基础上，末尾 +1，得到补码。

补码的补码等于原码。

对于4位带符号的二进制数，它们表示的数值范围分别为原码：$-7 \sim +7$，反码：$-7 \sim +7$，补码：$-8 \sim +7$。由此可以推知，对于 n 位带符号的二进制数的原码、反码和补码的数值范围分别为

原码：$-(2^{n-1}-1) \sim +(2^{n-1}-1)$

反码：$-(2^{n-1}-1) \sim +(2^{n-1}-1)$ 有一位是符号位，因此能够表示有效数字的只有 $n-1$ 位

补码：$-2^{n-1} \sim +(2^{n-1}-1)$

二、二进制补码运算

1. 二进制加法运算

无符号二进制的加法规则是

$$0 + 0 = 0$$
$$0 + 1 = 1$$
$$1 + 1 = \boxed{1}0$$

方框中的**1**是进位，表示两个**1**相加"逢二进一"。 同学们可以对比十进制中的"逢十进一"，"9+1"是不是要产生进位"1"，然后结果为"10"呢？

2. 二进制减法运算

在数字电路或系统中，为简化电路，常将负数用补码表示，以便将减法运算变为加法运算，即减去一个正数相当于加上一个负数。如 $A - B = A + (-B)$，求补码，然后进行加法运算。其中，$(-B)$ 部分根据**原码—反码—补码**的原则求出，只需保持符号位不变，其余位取反，然后末尾 +1 即可，A 的原码、反码、补码一致，这在电路中极易实现。

进行二进制补码的加法运算时,必须注意被加数补码与加数补码的位数相等,即让两个二进制数补码的符号位对齐。通常两个二进制数的补码采用相同的位数表示。

1.4 几种常用编码

一、8421码

8421码由4位二进制数 **0000**(0) 到 **1111**(15) 16种组合的前10种组合,即 **0000**(0)~ **1001**(9) 构成,其余6种组合是无效的。对于8421码 $b_3b_2b_1b_0$,b_3 位的权为 $2^3=8$,b_2 位的权为 $2^2=4$,b_1 位的权为 $2^1=2$,b_0 位的权为 $2^0=1$,因此称为8421码或BCD码,它属于有权码。

二、余3码和余3循环码

余3码是自补码。当两个十进制数之和是10时,相应的二进制数之和是16。此外,0和9、1和8、…、4和5的余3码互为反码。该特点便于求10的补码。余3码也是无权码,它的每一位没有对应的权值。
余3循环码也是一种无权码,它的特点是具有相邻性,任意两个相邻代码之间仅有一位取值不同。

三、格雷码

格雷(Gray)码是无权码。格雷码的重要特征:从一个码字到下一个接续码字仅有一位发生了变化。这个特征在许多应用程序中是非常重要的,格雷码的一位改变的特征减小了出错概率。
二进制数与格雷码的转换:
(1)格雷码中的最高有效位(最左边)等同于二进制数中相应的最高有效位。
(2)从左到右,每一对相邻的二进制编码位相异或,得到下一个格雷码位。
例如,二进制数 **10110** 到格雷码的转换过程如下:

$$1 \oplus 0 \oplus 1 \oplus 1 \oplus 0 \quad \text{二进制数}$$
$$\downarrow \quad \quad \quad \quad \quad \quad \quad$$
$$1 \quad 1 \quad 1 \quad 0 \quad 1 \quad \text{格雷码}$$

格雷码为 **11101**。

四、ASCII码 → 非考查重点,有一定了解即可

美国信息交换标准代码(American Standard Code for Information Interchange, ASCII)是目前国际上最通用的一种字符码,用于计算机处理数字、字母、符号等文字信息。它用7位二进制码表示128个十进制数、英文大小写字母、控制符、运算符以及特殊符号。

斩题型

题型 1 不同数制之间的转换

二进制与十进制

> **破题小记一笔**
> 十进制和二进制之间的转换：采用除2取余法或乘2取整法。

例1 将二进制数 **10011.101** 转换成十进制数。

解析 将每一位二进制数乘以位权，然后相加，可得

$$(10011.101)_B = \underline{1\times 2^4 + 0\times 2^3 + 0\times 2^2 + 1\times 2^1 + 1\times 2^0} + \underline{1\times 2^{-1} + 0\times 2^{-2} + 1\times 2^{-3}} = (19.625)_D$$

（整数部分）　（小数部分）

例2 将十进制数 23 转换成二进制数。

解析 根据"除2取余"法的原理，按如下步骤转换：

$$
\begin{array}{r}
2\underline{|\,23} \cdots\cdots 余数 = 1 = k_0 \\
2\underline{|\,11} \cdots\cdots 余数 = 1 = k_1 \\
2\underline{|\,5} \cdots\cdots 余数 = 1 = k_2 \\
2\underline{|\,2} \cdots\cdots 余数 = 0 = k_3 \\
2\underline{|\,1} \cdots\cdots 余数 = 1 = k_4 \\
0
\end{array}
$$

↑ 读取次序

则 $(23)_D = (\mathbf{10111})_B$。

例3 将十进制数 $(0.562)_D$ 转换成误差 ε 不大于 2^{-6} 的二进制数。

解析 用"乘2取整"法，按如下步骤转换取整

$$0.562 \times 2 = 1.124 \cdots\cdots 整数部分 = 1 = k_{-1}$$

$$0.124 \times 2 = 0.248 \cdots\cdots 整数部分 = 0 = k_{-2}$$

$$0.248 \times 2 = 0.496 \cdots\cdots 整数部分 = 0 = k_{-3}$$

$$0.496 \times 2 = 0.992 \cdots\cdots 整数部分 = 0 = k_{-4}$$

$$0.992 \times 2 = 1.984 \cdots\cdots 整数部分 = 1 = k_{-5}$$

由于最后的小数0.984>0.5，根据"四舍五入"的原则，k_{-6}应为1。因此$(0.562)_D = $ **$(0.100011)_B$**，其误差 $\varepsilon < 2^{-6}$。

二进制与十六进制

> **破题小记一笔**
>
> 由于每位十六进制数对应4位二进制数，因此，十六进制数转换成二进制数，只要将每一位数变成4位二进制数，按位的高低依次排列即可。

例4 将二进制数**1001101.100111**转换成十六进制数。

解析 $(1001101.100111)_B = (0100\ 1101.\ 1001\ 1100)_B = (4D.9C)_H$。

例5 将十六进制数**6E.3A5**转换成二进制数。

解析 $(6E.3A5)_H = (0110\ 1110.\ 0011\ 1010\ 0101)_B$

① 四个为一组；
② 以小数点为分界线，整数部分自右向左分组，小数部分自左向右分组；
③ 对于整数部分，若不够4位，则在最前面补充0即可。比如本题中，按照正常分组，最高位只有"100"三位，我们将其补充为"0100"；
④ 对于小数部分，最后面的几个数若不足4位，在末尾补0。如本题中，小数最后面为"11"，我们将其补充为"1100"

二进制与八进制

> **破题小记一笔** →与"十六进制和二进制之间的转换"类似
>
> 将二进制数转换为八进制数时，将二进制数的整数部分从低位到高位每三位分为一组，小数部分从高位到低位每三位分为一组，并将各组代之以等值的八进制数。

例6 将二进制数**011110.010111**转换成八进制数。

解析
$$(011\ 110.\ 010\ 111)_2$$
$$\downarrow\ \ \ \downarrow\ \ \ \ \downarrow\ \ \ \downarrow$$
$$(3\ \ \ 6.\ \ \ 2\ \ \ 7)_8$$

例7 将八进制数**52.43**转换成二进制数。

解析
$$(5\ \ \ 2.\ \ \ 4\ \ \ 3)_8$$
$$\downarrow\ \ \ \downarrow\ \ \ \ \downarrow\ \ \ \downarrow$$
$$(101\ 010.\ 100\ 011)_2$$

其他进制与十进制

例8 将下列各数转化为十位制数。

(1) $(101001.001)_2$；

(2) $(32.6)_8$；

(3) $(2AE.4F)_{16}$。

> 利用公式 $D = \sum k_i N^i$，N 为要转换数制的基数。这里要注意 N^i 的指数 i 的取值：若整数部分有 n 位，则 i 由 $n-1$ 到 0，即最高位对应的 $i = n-1$；若小数部分的位数是 m，则 i 由 -1 到 $-m$

解析

(1) $(101001.001)_2 = 1\times 2^5 + 0\times 2^4 + 1\times 2^3 + 0\times 2^2 + 0\times 2^1 + 1\times 2^0 + 0\times 2^{-1} + 0\times 2^{-2} + 1\times 2^{-3} = (41.125)_{10}$。

（整数部分）

(2) $(32.6)_8 = 3\times 8^1 + 2\times 8^0 + 6\times 8^{-1} = (26.75)_{10}$。

(3) $(2AE.4F)_{16} = 2\times 16^2 + 10\times 16^1 + 14\times 16^0 + 4\times 16^{-1} + 15\times 16^{-2} = (686.30859375)_{10}$。

> ★ **星峰点悟** 💡
>
> 各位同学在做题时，如遇到其他不常见进制之间的转换，除上述进制之间转换的方法外，还可以通过二进制作为中间桥梁进行辅助转换。进制A转换为进制C，先将进制A转为二进制B，然后再将二进制B转换为进制C即可。

题型2 无符号位二进制数的算术运算

破题小记一笔 ✏️

无符号位二进制数的加法规则	无符号位二进制数的减法规则	无符号位二进制数的乘法规则	无符号位二进制数的除法规则
$0+0=0$ $0+1=1$ $1+1=\boxed{1}0$	$0-0=0$ $1-1=0$ $1-0=1$ $0-1=\boxed{1}$	$0\times 0=0$ $0\times 1=0$ $1\times 0=0$ $1\times 1=1$	$0\div 1=0$ $1\div 1=1$

> 为啥没有 $1\div 0$？灵魂发问：数学是体育老师教的吗？0能作除数吗？

例9 计算两个无符号位二进制数 **1010** 和 **0101** 的和。

解析
$$\begin{array}{r} 1010 \\ +\ 0101 \\ \hline 1111 \end{array}$$

所以 $1010 + 0101 = 1111$。

例10 计算两个无符号位二进制数 1010 和 0101 的差。

解析
```
  1010
- 0101
  ────
  0101
```

> 由于负数需要单独的符号位来表示，因此无符号数是没办法表示负数的。关于"符号位"的知识点，继续往下看，马上就到

所以 1010 − 0101 = 0101。

由于无符号二进制数中无法表示负数，故要求被减数一定大于减数。

例11 计算两个无符号位二进制数 1010 和 0101 的积。

解析
```
       1010
    ×  0101
    ───────
       1010
      0000
     1010
    0000
    ────────
    01☐0010
```

> ① 第一位 0 可以省去。当然，不省去也没有关系。
> ② 同学们发现了吗？上面竖式中框出的部分是进位。
> ③ 二进制乘法运算和小学学过的十进制排竖式完全一致，这也是我们后面设计乘法器的理论依据

所以 1010 × 0101 = 110010。

例12 计算两个无符号位二进制数 1001 和 0101 之商。

解析
```
              1.11…
      ┌──────────
   0101)1001
         0101
         ────
         1000
         0101
         ────
         0110
         0101
         ────
         0010
```

所以 1001 ÷ 0101 = 1.11…。

> ⭐ **星峰点悟** 💡
>
> 对于初学者来说，概念中最大的难点就是借位的计算。和十进制运算中低位向高位借位一样，N 进制中，高位每借出 1 位，低位表示的绝对值 +N。

 有符号位二进制数的算术运算

例13 分别计算出 $A = +6$ 和 $B = -6$ 的 4 位(不含符号位)二进制的原码、反码和补码。

解析 A 和 B 的绝对值均为 6。正常情况下除最高符号位外，有 3 位数值位。考虑题目要求写出 4 位(不含符号位)的码，故需要在最高位(除符号位)补 0，其原码、反码和补码分别为

$$A_原 = \boxed{0}0110, \quad B_原 = \boxed{1}0110$$

$$A_反 = \boxed{0}0110, \quad B_反 = \boxed{1}1001$$

$$A_补 = \boxed{0}0110, \quad B_补 = \boxed{1}1010$$

例14 试用4位二进制补码计算 $5-2$。→ 一般情况下，补码默认首位为符号位

解析 因为

$$(5-2)_补 = (5)_补 + (-2)_补$$
$$= 0101 + 1110$$
$$= 0011$$

$$\begin{array}{r} 0101 \\ +\ 1110 \\ \hline \boxed{1}0011 \end{array}$$

自动丢弃

所以 $5-2=3$。

> ⭐ **星峰点悟**
>
> 两个符号相反的数相加不会产生溢出，但两个符号相同的数相加有可能产生溢出。这里就需要涉及补位。补位是二进制算术运算中十分重要的一步。

题型4 BCD码和格雷码的运算

> **破题小记一笔**
>
> 常见的8421(BCD)码是恒权码，有效值为 $0 \sim 9$。
> 格雷码是无权码，是可靠性编码的一种。

例15 将下面的 BCD 码相加：

(1) $0011+0100$； (2) $00110011+01000101$；

(3) $10000110+00010011$； (4) $010001010000+010000010111$。

解析 本题给出了十进制加法作为对比。

(1)
$$\begin{array}{r} 0011 \\ +\ 0100 \\ \hline 0111 \end{array} \qquad \begin{array}{r} 3 \\ +\ 4 \\ \hline 7 \end{array}$$

(2)
$$\begin{array}{r} 0011 \quad 0011 \\ +\ 0100 \quad 0101 \\ \hline 0111 \quad 1000 \end{array} \qquad \begin{array}{r} 33 \\ +\ 45 \\ \hline 78 \end{array}$$

(3)
$$\begin{array}{r} 1000 \quad 0110 \\ +\ 0001 \quad 0011 \\ \hline 1001 \quad 1001 \end{array} \qquad \begin{array}{r} 86 \\ +\ 13 \\ \hline 99 \end{array}$$

(4)
```
      0100  0101  0000         450
    + 0100  0001  0111       + 417
    ─────────────────────    ──────
      1000  0110  0111         867
```

列的和都没有超出9,所以这些结果都是有效的BCD码。

例16 (1) 把二进制数 **11000110** 转换为格雷码;

(2) 把格雷码 **10101111** 转换为二进制数。

解析 (1) 二进制数到格雷码:

$$1 \oplus 1 \oplus 0 \oplus 0 \oplus 0 \oplus 1 \oplus 1 \oplus 0$$
$$\downarrow \quad \downarrow \quad \downarrow \quad \downarrow \quad \downarrow \quad \downarrow \quad \downarrow \quad \downarrow$$
$$1 \quad 0 \quad 1 \quad 0 \quad 0 \quad 1 \quad 0 \quad 1$$

记住格雷码的生成规则:格雷码的最高位与原始二进制数的最高位相同。其余位通过逐位异或操作生成。即第二位的格雷码是第一位和第二位的异或结果,第三位的格雷码是第二位和第三位的异或结果,以此类推

(2) 格雷码到二进制数:

$$1 \quad 0 \quad 1 \quad 0 \quad 1 \quad 1 \quad 1 \quad 1$$
$$\downarrow \oplus \downarrow \oplus \downarrow \oplus \downarrow \oplus \downarrow \oplus \downarrow \oplus \downarrow \oplus \downarrow$$
$$1 \quad 1 \quad 0 \quad 0 \quad 1 \quad 0 \quad 1 \quad 0$$

解习题

1. 为了将600份文件顺序编码,如果采用二进制代码,最少需要用几位?如果改用八进制或十六进制代码,则最少各需要用几位?

解析 如果用二进制代码表示,需要满足公式:$2^9 = 512 < 600$,$2^{10} = 1\,024 > 600$。因此,采用二进制代码时最少需要十位。

如果采用八进制和十六进制代码,按照同样的方式计算可得,最少需要用4位和3位。

2. 将下列二进制整数转换为等值的十进制数。

(1) $(01101)_2$; (2) $(10100)_2$; (3) $(10010111)_2$; (4) $(1101101)_2$。

解析 (1) $(01101)_2 = 0 \times 2^4 + 1 \times 2^3 + 1 \times 2^2 + 0 \times 2^1 + 1 \times 2^0 = 13$。

(2) $(10100)_2 = 1 \times 2^4 + 0 \times 2^3 + 1 \times 2^2 + 0 \times 2^1 + 0 \times 2^0 = 20$。

(3) $(10010111)_2 = 1 \times 2^7 + 0 \times 2^6 + 0 \times 2^5 + 1 \times 2^4 + 0 \times 2^3 + 1 \times 2^2 + 1 \times 2^1 + 1 \times 2^0$
$= 151$。

(4) $(1101101)_2 = 1 \times 2^6 + 1 \times 2^5 + 0 \times 2^4 + 1 \times 2^3 + 1 \times 2^2 + 0 \times 2^1 + 1 \times 2^0$
$= 109$。

3. 将下列二进制小数转换为等值的十进制数。

(1) $(0.1001)_2$; (2) $(0.0111)_2$; (3) $(0.101101)_2$; (4) $(0.001111)_2$。

解析（1）$(0.1001)_2 = 1 \times 2^{-1} + 0 \times 2^{-2} + 0 \times 2^{-3} + 1 \times 2^{-4} = 0.5625$。

（2）$(0.0111)_2 = 0 \times 2^{-1} + 1 \times 2^{-2} + 1 \times 2^{-3} + 1 \times 2^{-4} = 0.4375$。

（3）$(0.101101)_2 = 1 \times 2^{-1} + 0 \times 2^{-2} + 1 \times 2^{-3} + 1 \times 2^{-4} + 0 \times 2^{-5} + 1 \times 2^{-6}$
$= 0.703125$。

（4）$(0.001111)_2 = 0 \times 2^{-1} + 0 \times 2^{-2} + 1 \times 2^{-3} + 1 \times 2^{-4} + 1 \times 2^{-5} + 1 \times 2^{-6}$
$= 0.234375$。

> 二进制数转化为十进制数时，需注意，整数位2的指数为（0, +1, +2, +3, ⋯），小数位2的指数为（−1, −2, −3, ⋯），最后将两个相加即可得十进制数

4. 将下列二进制数转换为等值的十进制数。

（1）$(101.011)_2$；（2）$(110.101)_2$；（3）$(1111.1111)_2$；（4）$(1001.0101)_2$。

解析（1）$(101.011)_2 = 1 \times 2^2 + 0 \times 2^1 + 1 \times 2^0 + 0 \times 2^{-1} + 1 \times 2^{-2} + 1 \times 2^{-3}$
$= 5.375$。

（2）$(110.101)_2 = 1 \times 2^2 + 1 \times 2^1 + 0 \times 2^0 + 1 \times 2^{-1} + 0 \times 2^{-2} + 1 \times 2^{-3}$
$= 6.625$。

（3）$(1111.1111)_2 = 1 \times 2^3 + 1 \times 2^2 + 1 \times 2^1 + 1 \times 2^0 + 1 \times 2^{-1} + 1 \times 2^{-2} + 1 \times 2^{-3} + 1 \times 2^{-4}$
$= 15.9375$。

（4）$(1001.0101)_2 = 1 \times 2^3 + 0 \times 2^2 + 0 \times 2^1 + 1 \times 2^0 + 0 \times 2^{-1} + 1 \times 2^{-2} + 0 \times 2^{-3} + 1 \times 2^{-4}$
$= 9.3125$。

5. 将下列二进制数转换为等值的八进制数和十六进制数。

（1）$(1110.0111)_2$；（2）$(1001.1101)_2$；（3）$(0110.1001)_2$；（4）$(101100.110011)_2$。

解析（1）将$(1110.0111)_2$转为八进制时，三位为一组，如下所示：

$$(1110.0111)_2$$
$$\downarrow$$
$$(001\ 110.\ 011\ 100)_2$$
$$\downarrow\quad\downarrow\quad\downarrow\quad\downarrow$$
$$(1\quad 6.\quad 3\quad 4)_8$$

> 整数部分位数不够的，前面补0；小数部分位数不够的，后面补0

转为十六进制时，四位为一组，如下所示：

$$(1110.0111)_2$$
$$\downarrow\quad\downarrow$$
$$(E.\quad 7)_{16}$$

（2）将$(1001.1101)_2$转为八进制时，三位为一组，转为十六进制时，四位为一组，如下所示：

$$(1001.1101)_2$$
$$\downarrow$$
$$(001\ 001.\ 110\ 100)_2$$
$$\downarrow\ \downarrow\ \ \ \downarrow\ \ \ \downarrow$$
$$(1\ \ \ 1.\ \ \ 6\ \ \ \ 4)_8$$

$$(1001.1101)_2$$
$$\downarrow\ \ \ \ \ \downarrow$$
$$(9.\ \ \ \ D)_{16}$$

(3) 将 $(0110.1001)_2$ 转为八进制时，三位为一组，转为十六进制时，四位为一组，如下所示：

$$(0110.1001)_2$$
$$\downarrow$$
$$(110.\ 100\ 100)_2$$
$$\downarrow\ \ \ \ \downarrow\ \ \ \downarrow$$
$$(6.\ \ \ 4\ \ \ \ 4)_8$$

$$(0110.1001)_2$$
$$\downarrow\ \ \ \ \ \downarrow$$
$$(6.\ \ \ \ 9)_{16}$$

(4) 将 $(101100.110011)_2$ 转为八进制时，三位为一组，转为十六进制时，四位为一组，如下所示：

$$(101100.110011)_2$$
$$\downarrow$$
$$(101\ 100.\ 110\ 011)_2$$
$$\downarrow\ \ \ \downarrow\ \ \ \ \downarrow\ \ \ \downarrow$$
$$(5\ \ \ 4.\ \ \ 6\ \ \ \ 3)_8$$

$$(101100.110011)_2$$
$$\downarrow$$
$$(0010\ 1100.\ 1100\ 1100)_2$$
$$\downarrow\ \ \ \ \downarrow\ \ \ \ \downarrow\ \ \ \ \downarrow$$
$$(2\ \ \ C.\ \ \ C\ \ \ \ C)_{16}$$

6. 将下列十六进制数转换为等值的二进制数。

(1) $(8C)_{16}$；(2) $(3D.BE)_{16}$；(3) $(8F.FF)_{16}$；(4) $(10.00)_{16}$。

解析 十六进制数转为二进制数，只需将每一位十六进制数展开成等值的四位二进制数即可。

(1)
$$(8\ \ \ \ C)_{16}$$
$$\downarrow\ \ \ \ \downarrow$$
$$(1000\ \ \ 1100)_2$$

(2)
$$(3\ \ \ \ D.\ \ \ B\ \ \ \ E)_{16}$$
$$\downarrow\ \ \ \ \downarrow\ \ \ \ \downarrow\ \ \ \ \downarrow$$
$$(0011\ \ \ 1101.\ \ \ 1011\ \ \ 1110)_2$$

(3)
$$(8\ \ \ \ F.\ \ \ F\ \ \ \ F)_{16}$$
$$\downarrow\ \ \ \ \downarrow\ \ \ \ \downarrow\ \ \ \ \downarrow$$
$$(1000\ \ \ 1111.\ \ \ 1111\ \ \ 1111)_2$$

(4)
$$(1\ \ \ \ 0.\ \ \ 0\ \ \ \ 0)_{16}$$
$$\downarrow\ \ \ \ \downarrow\ \ \ \ \downarrow\ \ \ \ \downarrow$$
$$(0001\ \ \ 0000.\ \ \ 0000\ \ \ 0000)_2$$

7. 将下列十进制数转换为等值的二进制数和十六进制数。

(1) $(17)_{10}$；(2) $(127)_{10}$；(3) $(79)_{10}$；(4) $(255)_{10}$。

解析 (1) 十进制数转为二进制数,用除法取余方式。

> 同学们也可以自己尝试我们视频给出的方式,将十进制数展开为2的整数幂 $(0, +1, +2, +3, \cdots)$ 形式进行计算

$$
\begin{array}{r}
2\underline{|17} \cdots\cdots 余数 = \mathbf{1} = k_0 \\
2\underline{|8} \cdots\cdots 余数 = \mathbf{0} = k_1 \\
2\underline{|4} \cdots\cdots 余数 = \mathbf{0} = k_2 \\
2\underline{|2} \cdots\cdots 余数 = \mathbf{0} = k_3 \\
2\underline{|1} \cdots\cdots 余数 = \mathbf{1} = k_4 \\
0
\end{array}
$$

故得到 $(17)_{10} = (\mathbf{10001})_2$。再将得到的二进制数按四位一组展开,转换为等值的十六进制数。

$$(\mathbf{10001})_2 = (\mathbf{0001\ 0001})_2$$
$$\qquad\qquad\downarrow\quad\ \downarrow$$
$$\qquad\quad = \ (1\quad\ 1)_{16}$$

(2) 十进制数转为二进制数,用除法取余方式。

$$
\begin{array}{r}
2\underline{|127} \cdots\cdots 余数 = \mathbf{1} = k_0 \\
2\underline{|63} \cdots\cdots 余数 = \mathbf{1} = k_1 \\
2\underline{|31} \cdots\cdots 余数 = \mathbf{1} = k_2 \\
2\underline{|15} \cdots\cdots 余数 = \mathbf{1} = k_3 \\
2\underline{|7} \cdots\cdots 余数 = \mathbf{1} = k_4 \\
2\underline{|3} \cdots\cdots 余数 = \mathbf{1} = k_5 \\
2\underline{|1} \cdots\cdots 余数 = \mathbf{1} = k_6 \\
0
\end{array}
$$

故得到 $(127)_{10} = (\mathbf{1111111})_2$。再将得到的二进制数按四位一组展开,转换为等值的十六进制数。

$$(\mathbf{1111111})_2 = (\mathbf{0111\ 1111})_2$$
$$\qquad\qquad\downarrow\quad\ \downarrow$$
$$\qquad\quad = \ (7\quad\ F)_{16}$$

(3) 十进制数转为二进制数,用除法取余方式。

$$
\begin{array}{r}
2\underline{|79} \cdots\cdots 余数 = \mathbf{1} = k_0 \\
2\underline{|39} \cdots\cdots 余数 = \mathbf{1} = k_1 \\
2\underline{|19} \cdots\cdots 余数 = \mathbf{1} = k_2 \\
2\underline{|9} \cdots\cdots 余数 = \mathbf{1} = k_3 \\
2\underline{|4} \cdots\cdots 余数 = \mathbf{0} = k_4 \\
2\underline{|2} \cdots\cdots 余数 = \mathbf{0} = k_5 \\
2\underline{|1} \cdots\cdots 余数 = \mathbf{1} = k_6 \\
0
\end{array}
$$

故得到 $(79)_{10} = (\mathbf{1001111})_2$。再将得到的二进制数按四位一组展开,转换为等值的十六进制数。

$$(0100 \quad 1111)_2$$
$$\downarrow \quad \downarrow$$
$$(4 \quad F)_{16}$$

(4) 十进制数转为二进制数，用除法取余方式。

$$
\begin{array}{r}
2\underline{|255} \cdots\cdots 余数 = 1 = k_0 \\
2\underline{|127} \cdots\cdots 余数 = 1 = k_1 \\
2\underline{|63} \cdots\cdots 余数 = 1 = k_2 \\
2\underline{|31} \cdots\cdots 余数 = 1 = k_3 \\
2\underline{|15} \cdots\cdots 余数 = 1 = k_4 \\
2\underline{|7} \cdots\cdots 余数 = 1 = k_5 \\
2\underline{|3} \cdots\cdots 余数 = 1 = k_6 \\
2\underline{|1} \cdots\cdots 余数 = 1 = k_7 \\
0
\end{array}
$$

故得到 $(255)_{10} = (11111111)_2$。再将得到的二进制数按四位一组展开，转换为等值的十六进制数。

$$(1111 \quad 1111)_2$$
$$\downarrow \quad \downarrow$$
$$(F \quad F)_{16}$$

8. 将下列十进制数转换为等值的二进制数和十六进制数。要求二进制数保留小数点以后8位有效数字。
(1) $(0.519)_{10}$；(2) $(0.251)_{10}$；(3) $(0.0376)_{10}$；(4) $(0.5128)_{10}$。

解析 将十进制小数转为二进制数，可采用乘2取整的方式进行，然后将二进制数自小数点往右四位一组，转为等值的十六进制即可。

各位同学也可以将其展开为2的整数幂(负数)形式进行计算

(1)
$$
\begin{array}{r}
0.519 \\
\times \quad 2 \\
\hline
1.038 \cdots\cdots 整数部分 = 1 = k_{-1} \\
0.038 \\
\times \quad 2 \\
\hline
0.076 \cdots\cdots 整数部分 = 0 = k_{-2} \\
0.076 \\
\times \quad 2 \\
\hline
0.152 \cdots\cdots 整数部分 = 0 = k_{-3} \\
0.152 \\
\times \quad 2 \\
\hline
0.304 \cdots\cdots 整数部分 = 0 = k_{-4}
\end{array}
$$

$$
\begin{array}{r}
0.304 \\
\times \quad 2 \\
\hline
0.608 \\
\end{array}
\quad \cdots\cdots\cdots \text{整数部分} = \mathbf{0} = k_{-5}
$$

$$
\begin{array}{r}
0.608 \\
\times \quad 2 \\
\hline
1.216 \\
\end{array}
\quad \cdots\cdots\cdots \text{整数部分} = \mathbf{1} = k_{-6}
$$

$$
\begin{array}{r}
0.216 \\
\times \quad 2 \\
\hline
0.432 \\
\end{array}
\quad \cdots\cdots\cdots \text{整数部分} = \mathbf{0} = k_{-7}
$$

$$
\begin{array}{r}
0.432 \\
\times \quad 2 \\
\hline
0.864 \\
\end{array}
\quad \cdots\cdots\cdots \text{整数部分} = \mathbf{0} = k_{-8}
$$

故得 $(0.519)_{10} = (\mathbf{0.10000100})_2$。再转换为十六进制,得到

$$
\begin{array}{c}
(\mathbf{0.1000} \quad \mathbf{0100})_2 \\
\downarrow \qquad \downarrow \\
(0.8 \qquad 4)_{16}
\end{array}
$$

(2)

$$
\begin{array}{r}
0.251 \\
\times \quad 2 \\
\hline
0.502 \\
\end{array}
\quad \cdots\cdots\cdots \text{整数部分} = \mathbf{0} = k_{-1}
$$

$$
\begin{array}{r}
0.502 \\
\times \quad 2 \\
\hline
1.004 \\
\end{array}
\quad \cdots\cdots\cdots \text{整数部分} = \mathbf{1} = k_{-2}
$$

$$
\begin{array}{r}
0.004 \\
\times \quad 2 \\
\hline
0.008 \\
\end{array}
\quad \cdots\cdots\cdots \text{整数部分} = \mathbf{0} = k_{-3}
$$

$$
\begin{array}{r}
0.008 \\
\times \quad 2 \\
\hline
0.016 \\
\end{array}
\quad \cdots\cdots\cdots \text{整数部分} = \mathbf{0} = k_{-4}
$$

$$
\begin{array}{r}
0.016 \\
\times \quad 2 \\
\hline
0.032 \\
\end{array}
\quad \cdots\cdots\cdots \text{整数部分} = \mathbf{0} = k_{-5}
$$

$$
\begin{array}{r}
0.032 \\
\times \quad 2 \\
\hline
0.064 \\
\end{array}
\quad \cdots\cdots\cdots \text{整数部分} = \mathbf{0} = k_{-6}
$$

$$
\begin{array}{r}
0.064 \\
\times \quad 2 \\
\hline
0.128 \\
\end{array}
\quad \cdots\cdots\cdots \text{整数部分} = \mathbf{0} = k_{-7}
$$

$$\begin{array}{r} 0.128 \\ \times \quad 2 \\ \hline 0.256 \end{array}$$ ………整数部分 =**0**= k_{-8}

故得 $(0.251)_{10} = (\mathbf{0.01000000})_2$。

$$(\mathbf{0.0100} \quad \mathbf{0000})_2$$
$$\downarrow \qquad \downarrow$$
$$(0.4 \qquad 0)_{16}$$

(3)
$$\begin{array}{r} 0.037\,6 \\ \times \quad 2 \\ \hline 0.075\,2 \end{array}$$ ………整数部分 =**0**= k_{-1}

$$\begin{array}{r} 0.075\,2 \\ \times \quad 2 \\ \hline 0.150\,4 \end{array}$$ ………整数部分 =**0**= k_{-2}

$$\begin{array}{r} 0.150\,4 \\ \times \quad 2 \\ \hline 0.300\,8 \end{array}$$ ………整数部分 =**0**= k_{-3}

$$\begin{array}{r} 0.300\,8 \\ \times \quad 2 \\ \hline 0.601\,6 \end{array}$$ ………整数部分 =**0**= k_{-4}

$$\begin{array}{r} 0.601\,6 \\ \times \quad 2 \\ \hline 1.203\,2 \end{array}$$ ………整数部分 =**1**= k_{-5}

$$\begin{array}{r} 0.203\,2 \\ \times \quad 2 \\ \hline 0.406\,4 \end{array}$$ ………整数部分 =**0**= k_{-6}

$$\begin{array}{r} 0.406\,4 \\ \times \quad 2 \\ \hline 0.812\,8 \end{array}$$ ………整数部分 =**0**= k_{-7}

$$\begin{array}{r} 0.812\,8 \\ \times \quad 2 \\ \hline 1.625\,6 \end{array}$$ ………整数部分 =**1**= k_{-8}

故得 $(0.037\,6)_{10} = (\mathbf{0.00001001})_2$。再转换为十六进制,得到

$$(\mathbf{0.0000} \quad \mathbf{1001})_2$$
$$\downarrow \qquad \downarrow$$
$$(0.0 \qquad 9)_{16}$$

（4）

$$
\begin{array}{r}
0.512\,8 \\
\times \quad 2 \\
\hline
1.025\,6 \\
\end{array}
\quad\cdots\cdots\text{整数部分} = \mathbf{1} = k_{-1}
$$

$$
\begin{array}{r}
0.025\,6 \\
\times \quad 2 \\
\hline
0.051\,2 \\
\end{array}
\quad\cdots\cdots\text{整数部分} = \mathbf{0} = k_{-2}
$$

$$
\begin{array}{r}
0.051\,2 \\
\times \quad 2 \\
\hline
0.102\,4 \\
\end{array}
\quad\cdots\cdots\text{整数部分} = \mathbf{0} = k_{-3}
$$

$$
\begin{array}{r}
0.102\,4 \\
\times \quad 2 \\
\hline
0.204\,8 \\
\end{array}
\quad\cdots\cdots\text{整数部分} = \mathbf{0} = k_{-4}
$$

$$
\begin{array}{r}
0.204\,8 \\
\times \quad 2 \\
\hline
0.409\,6 \\
\end{array}
\quad\cdots\cdots\text{整数部分} = \mathbf{0} = k_{-5}
$$

$$
\begin{array}{r}
0.409\,6 \\
\times \quad 2 \\
\hline
0.819\,2 \\
\end{array}
\quad\cdots\cdots\text{整数部分} = \mathbf{0} = k_{-6}
$$

$$
\begin{array}{r}
0.819\,2 \\
\times \quad 2 \\
\hline
1.638\,4 \\
\end{array}
\quad\cdots\cdots\text{整数部分} = \mathbf{1} = k_{-7}
$$

$$
\begin{array}{r}
0.638\,4 \\
\times \quad 2 \\
\hline
1.276\,8 \\
\end{array}
\quad\cdots\cdots\text{整数部分} = \mathbf{1} = k_{-8}
$$

故得 $(0.512\,8)_{10} = (\mathbf{0.10000011})_2$。再转换为十六进制，得到

$$(0.1000 \quad 0011)_2$$
$$\downarrow \quad\quad\quad \downarrow$$
$$(0.8 \quad\quad\quad 3)_{16}$$

9. 将下列十进制数转换为等值的二进制数和十六进制数。要求二进制数保留小数点以后4位有效数字。

（1）$(25.7)_{10}$；（2）$(188.875)_{10}$；（3）$(107.39)_{10}$；（4）$(174.06)_{10}$。

解析 （1）将整数部分和小数部分分别转换，即

整数部分直接除以2取余，从下至上为高位到低位

$$2\underline{|25} \cdots\cdots 余数=1=k_0$$
$$2\underline{|12} \cdots\cdots 余数=0=k_1$$
$$2\underline{|6} \cdots\cdots 余数=0=k_2$$
$$2\underline{|3} \cdots\cdots 余数=1=k_3$$
$$2\underline{|1} \cdots\cdots 余数=1=k_4$$
$$0$$

小数部分乘2取整，从上至下为高位到低位。取至我们需要的精度即可

$$\begin{array}{r} 0.7 \\ \times\ 2 \\ \hline 1.4 \end{array} \cdots\cdots 整数部分=1=k_{-1}$$

$$\begin{array}{r} 0.4 \\ \times\ 2 \\ \hline 0.8 \end{array} \cdots\cdots 整数部分=0=k_{-2}$$

$$\begin{array}{r} 0.8 \\ \times\ 2 \\ \hline 1.6 \end{array} \cdots\cdots 整数部分=1=k_{-3}$$

$$\begin{array}{r} 0.6 \\ \times\ 2 \\ \hline 1.2 \end{array} \cdots\cdots 整数部分=1=k_{-4}$$

故得到 $(25.7)_{10}=(11001.1011)_2$。再转换为十六进制，得到

$$(11001.1011)_2 = (0001\ 1001.\ 1011)_2$$
$$\quad\quad\quad\quad\quad\quad\ \downarrow\quad\ \downarrow\quad\ \ \downarrow$$
$$\quad\quad\quad\quad\ =\ (1\quad\ \ 9.\quad B)_{16}$$

（2）将整数部分和小数部分分别转换，即

$$2\underline{|188} \cdots\cdots 余数=0=k_0$$
$$2\underline{|94} \cdots\cdots 余数=0=k_1$$
$$2\underline{|47} \cdots\cdots 余数=1=k_2$$
$$2\underline{|23} \cdots\cdots 余数=1=k_3$$
$$2\underline{|11} \cdots\cdots 余数=1=k_4$$
$$2\underline{|5} \cdots\cdots 余数=1=k_5$$
$$2\underline{|2} \cdots\cdots 余数=0=k_6$$
$$2\underline{|1} \cdots\cdots 余数=1=k_7$$
$$0$$

$$\begin{array}{r} 0.875 \\ \times\ \ 2 \\ \hline 1.750 \end{array} \cdots\cdots 整数部分=1=k_{-1}$$

$$
\begin{array}{r}
0.750 \\
\times \quad 2 \\
\hline
1.500 \quad \cdots\cdots \text{整数部分} = \mathbf{1} = k_{-2} \\
0.500 \\
\times \quad 2 \\
\hline
1.000 \quad \cdots\cdots \text{整数部分} = \mathbf{1} = k_{-3} \\
0.000 \\
\times \quad 2 \\
\hline
0.000 \quad \cdots\cdots \text{整数部分} = \mathbf{0} = k_{-4}
\end{array}
$$

故得到 $(188.875)_{10} = (\mathbf{10111100.1110})_2$。再转换为十六进制，得到

$$
\begin{array}{ccc}
(\mathbf{1011} & \mathbf{1100}. & \mathbf{1110})_2 \\
\downarrow & \downarrow & \downarrow \\
(\mathrm{B} & \mathrm{C}. & \mathrm{E})_{16}
\end{array}
$$

(3) 将整数部分和小数部分分别转换，即

$$
\begin{array}{rl}
2 \underline{|\,107} & \cdots\cdots \text{余数} = \mathbf{1} = k_0 \\
2 \underline{|\,53} & \cdots\cdots \text{余数} = \mathbf{1} = k_1 \\
2 \underline{|\,26} & \cdots\cdots \text{余数} = \mathbf{0} = k_2 \\
2 \underline{|\,13} & \cdots\cdots \text{余数} = \mathbf{1} = k_3 \\
2 \underline{|\,6} & \cdots\cdots \text{余数} = \mathbf{0} = k_4 \\
2 \underline{|\,3} & \cdots\cdots \text{余数} = \mathbf{1} = k_5 \\
2 \underline{|\,1} & \cdots\cdots \text{余数} = \mathbf{1} = k_6 \\
0 &
\end{array}
$$

$$
\begin{array}{r}
0.39 \\
\times \quad 2 \\
\hline
0.78 \quad \cdots\cdots \text{整数部分} = \mathbf{0} = k_{-1} \\
0.78 \\
\times \quad 2 \\
\hline
1.56 \quad \cdots\cdots \text{整数部分} = \mathbf{1} = k_{-2} \\
0.56 \\
\times \quad 2 \\
\hline
1.12 \quad \cdots\cdots \text{整数部分} = \mathbf{1} = k_{-3} \\
0.12 \\
\times \quad 2 \\
\hline
0.24 \quad \cdots\cdots \text{整数部分} = \mathbf{0} = k_{-4}
\end{array}
$$

故得到 $(107.39)_{10} = (\mathbf{1101011.0110})_2$。再转换为十六进制，得到

$$(0110 \quad 1011. \quad 0110)_2$$
$$\downarrow \quad \quad \downarrow \quad \quad \downarrow$$
$$(6 \quad \quad B. \quad \quad 6)_{16}$$

(4)将整数部分和小数部分分别转换,即

$$
\begin{array}{l}
2\underline{|174} \cdots\cdots 余数 = \mathbf{0} = k_0 \\
2\underline{|87} \cdots\cdots 余数 = \mathbf{1} = k_1 \\
2\underline{|43} \cdots\cdots 余数 = \mathbf{1} = k_2 \\
2\underline{|21} \cdots\cdots 余数 = \mathbf{1} = k_3 \\
2\underline{|10} \cdots\cdots 余数 = \mathbf{0} = k_4 \\
2\underline{|5} \cdots\cdots 余数 = \mathbf{1} = k_5 \\
2\underline{|2} \cdots\cdots 余数 = \mathbf{0} = k_6 \\
2\underline{|1} \cdots\cdots 余数 = \mathbf{1} = k_7 \\
\quad 0
\end{array}
$$

$$
\begin{array}{r}
0.06 \\
\times \quad 2 \\
\hline
0.12 \cdots\cdots 整数部分 = \mathbf{0} = k_{-1} \\
0.12 \\
\times \quad 2 \\
\hline
0.24 \cdots\cdots 整数部分 = \mathbf{0} = k_{-2} \\
0.24 \\
\times \quad 2 \\
\hline
0.48 \cdots\cdots 整数部分 = \mathbf{0} = k_{-3} \\
0.48 \\
\times \quad 2 \\
\hline
0.96 \cdots\cdots 整数部分 = \mathbf{0} = k_{-4}
\end{array}
$$

故得到$(174.06)_{10} = (\mathbf{10101110.0000})_2$。再转换为十六进制,得到

$$(1010 \quad 1110. \quad 0000)_2$$
$$\downarrow \quad \quad \downarrow \quad \quad \downarrow$$
$$(A \quad \quad E. \quad \quad 0)_{16}$$

10. 写出下列二进制数的原码、反码和补码。

(1) $(+1011)_2$;(2) $(+00110)_2$;(3) $(-1101)_2$;(4) $(-00101)_2$。

解析 正数的原码、反码、补码均相同。负数原码符号位不变,其余全部取反即为反码;反码末尾加1即为补码。

(1)该数为正数,反码、补码与原码相同,均为 **01011**。 ← 多出的一位为符号位

(2)该数为正数,原码、反码、补码相同,均为 **000110**。

(3) 该数为负数,因此原码为 **11101**,反码为 **10010**,补码为 **10011**。 ← 负数符号位为1

(4) 该数为负数,因此原码为 **100101**,反码为 **111010**,补码为 **111011**。

11. 写出下列带符号位二进制数(最高位为符号位)的反码和补码。

(1) $(011011)_2$;(2) $(001010)_2$;(3) $(111011)_2$;(4) $(101010)_2$。

解析 正数的原码、反码、补码均相同。负数原码符号位不变,其余全部取反即为反码;反码末尾加1即为补码。根据题干中的符号位即可判断正负。

(1) 符号位为 **0**,该数为正数,故反码和补码与原码相同,均为 **011011**。 → 题干中已明确表示,为带符号位的二进制数,因此无须再额外添加符号位

(2) 符号位为 **0**,该数为正数,故反码和补码与原码相同,均为 **001010**。

(3) 符号位为 **1**,该数为负数。反码为 **100100**,补码为 **100101**。

(4) 符号位为 **1**,该数为负数,反码为 **110101**,补码为 **110110**。

12. 用8位二进制补码表示下列十进制数。

(1) $+17$;(2) $+28$;(3) -13;(4) -47;(5) -89;(6) -121。

解析 正数的原码、反码、补码均相同。负数原码符号位不变,其余全部取反即为反码;反码末尾加1即为补码。因此,首先需要把每个十进制数的绝对值转换为等值7位的二进制数,然后加上1位符号位,就得到了8位的原码,再将原码化成补码形式。

(1) 先计算17的二进制原码。

$$
\begin{array}{r}
2\underline{\,|\,17\,} \cdots\cdots 余数 = 1 = k_0 \\
2\underline{\,|\,8\,} \cdots\cdots 余数 = 0 = k_1 \\
2\underline{\,|\,4\,} \cdots\cdots 余数 = 0 = k_2 \\
2\underline{\,|\,2\,} \cdots\cdots 余数 = 0 = k_3 \\
2\underline{\,|\,1\,} \cdots\cdots 余数 = 1 = k_4 \\
0
\end{array}
$$

故得 $(17)_{10} = (10001)_2$。在高位加 **00** 将绝对值表示为7位二进制数,再在绝对值前面增加一位符号位 **0**(正数),就得到原码 **00010001**。因为是正数,所以补码与原码相同,也是 **00010001**。

(2) 先计算28的二进制原码。

$$
\begin{array}{r}
2\underline{\,|\,28\,} \cdots\cdots 余数 = 0 = k_0 \\
2\underline{\,|\,14\,} \cdots\cdots 余数 = 0 = k_1 \\
2\underline{\,|\,7\,} \cdots\cdots 余数 = 1 = k_2 \\
2\underline{\,|\,3\,} \cdots\cdots 余数 = 1 = k_3 \\
2\underline{\,|\,1\,} \cdots\cdots 余数 = 1 = k_4 \\
0
\end{array}
$$

故得 $(28)_{10} = (11100)_2 = (0011100)_2$。在绝对值前面加上符号位 **0**,得到原码 **00011100**。因为是正数,故补码与原码相同,也是 **00011100**。

(3) 先计算 13 的二进制原码。

$$\begin{array}{r} 2\underline{|13} \quad \cdots\cdots 余数 = 1 = k_0 \\ 2\underline{|6} \quad \cdots\cdots 余数 = 0 = k_1 \\ 2\underline{|3} \quad \cdots\cdots 余数 = 1 = k_2 \\ 2\underline{|1} \quad \cdots\cdots 余数 = 1 = k_3 \\ 0 \end{array}$$

故得 $(13)_{10} = (1101)_2 = (0001101)_2$。在绝对值前面加上符号位 **1**,得到原码 **10001101**。从原码得到反码 **11110010**,末尾 +1 后,化成补码后得到 **11110011**。

(4) 先计算 47 的二进制原码。

$$\begin{array}{r} 2\underline{|47} \quad \cdots\cdots 余数 = 1 = k_0 \\ 2\underline{|23} \quad \cdots\cdots 余数 = 1 = k_1 \\ 2\underline{|11} \quad \cdots\cdots 余数 = 1 = k_2 \\ 2\underline{|5} \quad \cdots\cdots 余数 = 1 = k_3 \\ 2\underline{|2} \quad \cdots\cdots 余数 = 0 = k_4 \\ 2\underline{|1} \quad \cdots\cdots 余数 = 1 = k_5 \\ 0 \end{array}$$

故得 $(47)_{10} = (101111)_2 = (0101111)_2$。在绝对值前面加上符号位 **1**,得原码为 **10101111**,从原码得到反码 **11010000**,末尾 +1 后,将原码化成补码后得到 **11010001**。

(5) 先计算 89 的二进制原码。

$$\begin{array}{r} 2\underline{|89} \quad \cdots\cdots 余数 = 1 = k_0 \\ 2\underline{|44} \quad \cdots\cdots 余数 = 0 = k_1 \\ 2\underline{|22} \quad \cdots\cdots 余数 = 0 = k_2 \\ 2\underline{|11} \quad \cdots\cdots 余数 = 1 = k_3 \\ 2\underline{|5} \quad \cdots\cdots 余数 = 1 = k_4 \\ 2\underline{|2} \quad \cdots\cdots 余数 = 0 = k_5 \\ 2\underline{|1} \quad \cdots\cdots 余数 = 1 = k_6 \\ 0 \end{array}$$

故得 $(89)_{10} = (1011001)_2$。在绝对值前面加上符号位 **1**,得到原码为 **11011001**,从原码得到反码 **10100110**,末尾 +1 后得到补码得到 **10100111**。

(6)先计算121的二进制原码。

$$
\begin{array}{r}
2\underline{|121} \cdots\cdots 余数 = 1 = k_0 \\
2\underline{|60} \cdots\cdots 余数 = 0 = k_1 \\
2\underline{|30} \cdots\cdots 余数 = 0 = k_2 \\
2\underline{|15} \cdots\cdots 余数 = 1 = k_3 \\
2\underline{|7} \cdots\cdots 余数 = 1 = k_4 \\
2\underline{|3} \cdots\cdots 余数 = 1 = k_5 \\
2\underline{|1} \cdots\cdots 余数 = 1 = k_6 \\
0
\end{array}
$$

故得 $(121)_{10} = (1111001)_2$。在绝对值前加上符号位 **1**,得到原码为 **11111001**,从原码得到反码 **10000110**,末尾 **+1** 后得到补码 **10000111**。

> 对于此类二进制运算的题目,大家可以先将原始数据转为原码十进制,根据十进制运算结果,对二进制运算结果做辅助验证

13. 计算下列用补码表示的二进制数的代数和。如果和为负数,请求出负数的绝对值。

(1) **01001101 + 00100110**;   (2) **00011101 + 01001100**;

(3) **00110010 + 10000011**;   (4) **00011110 + 10011100**;

(5) **11011101 + 01001011**;   (6) **10011101 + 01100110**;

(7) **11100111 + 11011011**;   (8) **11111001 + 10001000**。

解析(1)

$$
\begin{array}{r}
01001101 \\
+\ 00100110 \\
\hline
01110011
\end{array}
$$

符号位等于 **0**,和为正数 **01110011**。

(2)

$$
\begin{array}{r}
00011101 \\
+\ 01001100 \\
\hline
01101001
\end{array}
$$

符号位等于 **0**,和为正数 **01101001**。

(3)步骤1,先确定符号位和数值。

00110010:符号位为 **0**,表示这是一个正数。去掉符号位后的数值部分是 **0110010**,即十进制数 **50**。

10000011:符号位为 **1**,表示这是一个负数。去掉符号位后的数值部分是 **0000011**,即十进制数 **3**。我们用补码的方式来解释它为负数 **−3**。

步骤2,直接进行二进制加法。

$$
\begin{array}{r}
00110010 \\
+\ 10000011 \\
\hline
10110101
\end{array}
$$

步骤3,分析结果。

10110101是一个8位的二进制数,最左边的一位是符号位。因为符号位是**1**,表示这个结果是一个负数。

步骤4,计算二进制绝对值。

首先找到补码对应的绝对值,去掉符号位(即最左边的**1**),得到**0110101**。取反得到**1001010**,再加1,得到**1001011**,即十进制的75。

故和的绝对值为**1001011**。

(4)
$$
\begin{array}{r}
00011110 \\
+\ 10011100 \\
\hline
10111010
\end{array}
$$

符号位等于**1**,和为负数。将补码的和再求补,得原码**11000110**。故和的绝对值为**1000110**。

(5)
$$
\begin{array}{r}
11011101 \\
+\ 01001011 \\
\hline
00101000
\end{array}
$$

符号位等于**0**,和为正数**00101000**。

(6)
$$
\begin{array}{r}
10011101 \\
+\ 01100110 \\
\hline
00000011
\end{array}
$$

符号位等于**0**,和为正数**00000011**。

(7)
$$
\begin{array}{r}
11100111 \\
+\ 11011011 \\
\hline
11000010
\end{array}
$$

符号位等于**1**,和为负数。将补码的和再求补,得原码**10111110**。故和的绝对值为**0111110**。

(8)
$$
\begin{array}{r}
11111001 \\
+\ 10001000 \\
\hline
10000001
\end{array}
$$

符号位等于**1**,和为负数。将补码的和再求补,得原码**11111111**。故和的绝对值为**1111111**。

14. 用二进制补码运算计算下列各式。式中的4位二进制数是不带符号位的绝对值。如果和为负数,试求出负数的绝对值。(提示:所用补码的有效位数应足够表示代数和的最大绝对值。)

(1)$1010 + 0011$;　　(2)$1101 + 1011$;　　(3)$1010 - 0011$;　　(4)$1101 - 1011$;

(5)$0011 - 1010$;　　(6)$1011 - 1101$;　　(7)$-0011 - 1010$;　　(8)$-1101 - 1011$。

解析　(1)1010和0011的十进制分别为10和3,和的绝对值小于2^4,故可采用4位有效数字表示,再额外补充1位符号位即可。1010的补码为01010,0011的补码为00011。

$$
\begin{array}{r}
01010 \\
+\ 00011 \\
\hline
01101
\end{array}
$$

得到和的补码为**01101**。符号位等于**0**,和为正数。

(2)**1101**和**1011**的十进制分别为13和11,和为24,其绝对值大于2^4而小于2^5,所以需要用5位有效数字表示,再额外补充1位符号位即可。对两个加数进行补位后计算补码得到:**1101**的补码为**001101**,**1011**的补码为**001011**。

> 这里推荐大家在进行补位的时候,先对原码进行补位,然后对补位后的结果求补码。
> 比如**1101**补位后为**01101**,添加符号位后为**001101**

$$\begin{array}{r}001101\\+\ 001011\\\hline 011000\end{array}$$

得到和的补码为**011000**。符号位等于**0**,和为正数。

(3)**1010**和 **−0011**的十进制分别为10和 −3,和为7,绝对值小于2^4,所以需要用4位有效数字表示,再额外补充1位符号位即可。**1010**的补码为**01010**,**−0011**的补码为**11101**。

$$\begin{array}{r}01010\\+\ 11101\\\hline 00111\end{array}$$

得到和的补码为**00111**。符号位等于**0**,和为正数。

(4)**1101**和 **−1011**的十进制分别为13和 −11,和为2,其绝对值小于2^4,所以需要用4位有效数字表示,再额外补充1位符号位即可。**1101**的补码为**01101**,**−1011**的补码为**10101**。

$$\begin{array}{r}01101\\+\ 10101\\\hline 00010\end{array}$$

得到和的补码为**00010**。符号位等于**0**,和为正数。

(5)**0011**和 **−1010**的十进制分别为3和 −10,和为 −7,绝对值小于2^4,所以需要用4位有效数字表示,再额外补充1位符号位即可。**0011**的补码为**00011**,**−1010**的补码为**10110**。

$$\begin{array}{r}00011\\+\ 10110\\\hline 11001\end{array}$$

得到和的补码为**11001**。符号位等于**1**,表示和为负数。将和的补码再求补,得到原码**10111**,和的绝对值等于**0111**。

(6)**1011**和 **−1101**的十进制分别为11和 −13,和为 −2,绝对值小于2^4,所以需要用4位有效数字表示,再额外补充1位符号位即可。**1011**的补码为**01011**,**−1101**的补码为**10011**。

$$\begin{array}{r}01011\\+\ 10011\\\hline 11110\end{array}$$

得到和的补码为**11110**。符号位等于**1**,和为负数。将和的补码再求补,得原码**10010**。故知和的绝对值等于**0010**。

（7）-0011 和 -1010 的十进制为 -3 和 -10，和为 -13，绝对值小于 2^4，所以需要用4位有效数字表示，再额外补充1位符号位即可。-0011 的补码为 **11101**，-1010 的补码为 **10110**。

$$\begin{array}{r} 11101 \\ +\ 10110 \\ \hline 10011 \end{array}$$

得到和的补码为 **10011**。符号位等于 **1**，和为负数。将和的补码再求补，得原码 **11101**，故和的绝对值为 **1101**。

（8）-1101 和 -1011 的十进制为 -13 和 -11，和为 -24，绝对值大于 2^4 而小于 2^5，所以需要用5位有效数字表示，再额外补充1位符号位即可。-1101 的补码写作 **110011**，-1011 的补码写作 **110101**。

$$\begin{array}{r} 110011 \\ +\ 110101 \\ \hline 101000 \end{array}$$

得到和的补码为 **101000**。符号位等于 **1**，和为负数。将和的补码再求补，得原码 **111000**，和的绝对值为 **11000**。

15. 用二进制补码运算计算下列各式。（提示：所用补码的有效位数应足够表示代数和的最大绝对值。）
(1) $3+15$；　　(2) $8+11$；　　(3) $12-7$；　　(4) $23-11$；
(5) $9-12$；　　(6) $20-25$；　　(7) $-12-5$；　　(8) $-16-14$。

解析 首先在十进制下将二者相加，判断绝对值最大数的二进制有效位数，决定是否需要补位。
(1) 和的绝对值等于18，需要用5位二进制数表示，加上符号位以后，补码应有6位，故需要补位。$+3$ 的补码写作 **000011**，$+15$ 的补码写作 **001111**，将两个补码相加，有

$$\begin{array}{r} 000011 \\ +\ 001111 \\ \hline 010010 \end{array}$$

得到和的补码为 **010010**（$+18$）。

(2) 和的绝对值等于19，需要用5位二进制数表示，加上符号位以后，补码应为6位，故需要补位。$+8$ 的补码写作 **001000**，$+11$ 的补码写作 **001011**，将两个补码相加，有

$$\begin{array}{r} 001000 \\ +\ 001011 \\ \hline 010011 \end{array}$$

得到和的补码为 **010011**（$+19$）。

(3) 和的绝对值和加数的绝对值均小于16，需要用4位二进制数表示，加上符号位后补码为5位。$+12$ 的补码写作 **01100**，-7 的补码写作 **11001**，将两数的补码相加，有

> **11001** 的补位过程为：-7 的原码为 **1111**，首位为符号位，对绝对值补位后 **10111**，反码为 **11000**，补码为 **11001**

$$\begin{array}{r}01100\\+11001\\\hline 00101\end{array}$$

得到和的补码为 **00101**(+5)。

(4)用二进制数表示 23 需要 5 位代码,加上符号位以后,补码应有 6 位。+23 的补码写作 **010111**,−11 的补码写作 **110101**,将两个补码相加,有

110101 的补位过程：−11 的原码为 11011,补位后为 101011,反码为 110100,补码为 110101

$$\begin{array}{r}010111\\+110101\\\hline 001100\end{array}$$

得到和的补码为 **001100**(+12)。

(5)+9 的补码写作 **01001**,−12 的补码写作 **10100**,将两个补码相加,有

$$\begin{array}{r}01001\\+10100\\\hline 11101\end{array}$$

得到和的补码为 **11101**,和为负值。如再求补,则得到和的原码 **10011**(−3)。

(6)用二进制数表示 25 需要 5 位,再加 1 位符号位,补码应有 6 位。+20 的补码写作 **010100**,−25 的补码写作 **100111**,将两个补码相加,有

$$\begin{array}{r}010100\\+100111\\\hline 111011\end{array}$$

得到和的补码为 **111011**,和为负数。如再求补,则得到和的原码 **100101**(−5)。

(7)和的绝对值为 17,转换成二进制时为 5 位数,再加上一位符号位,补码需用 6 位。−12 的补码写作 **110100**,−5 的补码写作 **111011**,将两个补码相加,有

$$\begin{array}{r}110100\\+111011\\\hline 101111\end{array}$$

得到和的补码为 **101111**,和为负数。如果将和的补码再求补,则可得原码 **110001**(−17)。

(8)因为和的绝对值是 30,所以需要用 5 位二进制数表示,再加 1 位符号位,补码应有 6 位。−16 的补码写作 **110000**,−14 的补码写作 **110010**,将两个补码相加,有

$$\begin{array}{r}110000\\+110010\\\hline 100010\end{array}$$

得到和的补码为 **100010**,和为负数。如果将和的补码再求补,则可得它的原码为 **111110**(−30)。

第二章 逻辑代数基础

第二章是数字电子技术学习的关键一环,它聚焦于逻辑代数的深入探索,这是分析数字电路逻辑功能不可或缺的数学工具。本章重点在于掌握逻辑代数的基本运算规则,熟练运用多种方法描述逻辑函数,理解并应用最小项与最大项的概念,以及精通利用卡诺图进行逻辑代数的化简。考生应将此章视为学习旅程中的重要里程碑,扎实掌握这些核心概念与技能,为后续课程的学习奠定坚实的基础。

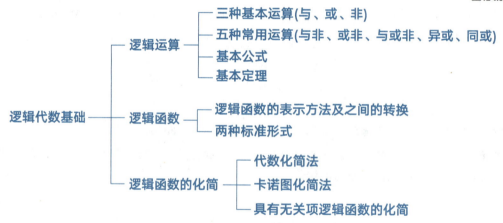

2.1 逻辑代数中的常用运算

数字电路实现的是逻辑关系。逻辑关系是指某事物的条件(或原因)与结果之间的关系。逻辑关系常用逻辑函数来描述。

一、基本逻辑运算

逻辑代数中只有三种基本运算:与(AND)、或(OR)、非(NOT)(见表2.1)。

1. 与运算

与运算——只有当决定一件事情的条件全部具备之后,这件事情才会发生。我们把这种因果关系称为逻辑与,也称逻辑相乘。若用逻辑表达式来描述,则可写为 $Y = A \cdot B$。与运算的规则:"输入有 **0**,输出为 **0**;输入全 **1**,输出为 **1**"。

2. 或运算

或运算——在决定一件事情的若干个条件中只要有任何一个满足,这件事情就会发生。我们把这种因果关系称为逻辑或,也称逻辑相加。若用逻辑表达式来描述,则可写为 $Y = A+B$。或运算的规则:"输入有 **1**,输出为 **1**;输入全 **0**,输出为 **0**"。

3. 非运算

非运算——某事情发生与否,仅取决于一个条件,而且只有对该条件否定时,事情才发生,即条件具备时事情不发生;条件不具备时事情才发生。我们把这种因果关系称为逻辑非,也称逻辑取反。若用逻辑表达式来描述,则可写为 $Y = A'$。非运算的规则:"$\mathbf{0' = 1}$;$\mathbf{1' = 0}$"。

表2.1

基本运算	电路图	真值表	特定外形符号	矩形轮廓符号
与(AND)	(A、B开关串联,V电源,Y灯)	A B Y 0 0 0 0 1 0 1 0 0 1 1 1	A、B → AND门 → Y	A、B → & → $Y=AB$
或(OR)	(A、B开关并联,V电源,Y灯)	A B Y 0 0 0 0 1 1 1 0 1 1 1 1	A、B → OR门 → Y	A、B → ≥1 → $Y=A+B$
非(NOT)	(R电阻,A开关,V电源,Y灯)	A Y 0 1 1 0	A → NOT门 → Y	A → 1 → $Y=A'$

→ 有0出0, 全1才1

→ 有1出1, 全0才0

→ 有0出1, 有1出0, 实现取反功能

二、其他常用逻辑运算(见表2.2)

1. 与非(NAND)

与非是由与运算和非运算组合而成。

2. 或非(NOR)

或非是由或运算和非运算组合而成。

→ 复合运算的运算顺序和文字顺序一致,从左到右依次进行

3. 与或非(AND-NOR)

与或非是由与运算、或运算和非运算组合而成。

4. 异或(EXCLUSIVE OR)

两个变量取值相同时，逻辑函数值为 **0**；当两个变量取值不同时，逻辑函数值为 **1**。

5. 同或(EXCLUSIVE NOR)

当两个变量取值相同时，逻辑函数值为 **1**；当两个变量取值不同时，逻辑函数值为 **0**。

表 2.2

基本运算	真值表	特定外形符号	矩形轮廓符号
与非(NAND) ↙ 有0出1,全1才出0	A B Y 0 0 1 0 1 1 1 0 1 1 1 0	A B → Y	A B & Y=(A·B)'
或非(NOR) ↙ 有1出0,全0才出1	A B Y 0 0 1 0 1 0 1 0 0 1 1 0	A B → Y	A B ≥1 Y=(A+B)'
与或非 (AND-NOR) 先与,再或,后非	A B C D Y 0 0 0 0 1 0 0 0 1 1 0 0 1 0 1 0 0 1 1 0 0 1 0 0 1 0 1 0 1 1 0 1 1 0 1 0 1 1 1 0 1 0 0 0 1 1 0 0 1 1 1 0 1 0 1 1 0 1 1 0 1 1 0 0 0 1 1 0 1 0 1 1 1 0 0 1 1 1 1 0	A B C D → Y	A B C D & ≥1 Y=(A·B+C·D)'
异或 (EXCLUSIVE OR) ↙ 相同出0,相异出1	A B Y 0 0 0 0 1 1 1 0 1 1 1 0	A B → Y	A B =1 Y=A⊕B
同或 (EXCLUSIVE NOR) ↙ 相同出1,相异出0,是异或的反运算	A B Y 0 0 1 0 1 0 1 0 0 1 1 1	A B → Y	A B = Y=A⊙B

同或和异或互为反运算,证明如下。

法一:直接罗列二者真值表,通过真值表对比得出。

法二:
$$A \odot B = A \cdot B + A' \cdot B' = [(A'+B') \cdot (A+B)]'$$
$$= (A \cdot A' + A' \cdot B + A \cdot B' + B \cdot B')' = (0 + A' \cdot B + A \cdot B' + 0)'$$
$$= (A \cdot B' + A' \cdot B)' = (A \oplus B)'$$

2.2 逻辑代数中的基本定律和常用公式

一、逻辑代数的基本公式

逻辑代数的基本公式如表2.3所示。

表2.3

名称	基本公式	对偶式
常量之间的关系	$0 \cdot 0 = 0$	$1 + 1 = 1$
	$0 \cdot 1 = 0$	$1 + 0 = 1$
	$1 \cdot 1 = 1$	$0 + 0 = 0$
	$0' = 1$	$1' = 0$
变量与常量的关系	$A \cdot 1 = A$	$A + 0 = A$
	$A \cdot 0 = 0$	$A + 1 = 1$
交换律	$A + B = B + A$	$A \cdot B = B \cdot A$
结合律	$(A+B)+C = A+(B+C)$	$A \cdot (B \cdot C) = (A \cdot B) \cdot C$
分配律	$A + B \cdot C = (A+B) \cdot (A+C)$	$A \cdot (B+C) = A \cdot B + A \cdot C$
互补律	$A + A' = 1$	$A \cdot A' = 0$
重叠律	$A \cdot A = A$	$A + A = A$
还原律	$(A')' = A$	
德·摩根定理	$(A \cdot B)' = A' + B'$	$(A+B)' = A' \cdot B'$

二、逻辑代数的基本定理

1. 代入定理

利用代入定理可以方便地把公式拓展成多变量的形式。例如，在反演律$(A+B)' = A'B'$中，用$(B+C)$去代替左边等式中的B，用$(B+C)$代入右边等式中的B，则新的等式仍成立：

$$[A+(B+C)]' = A' \cdot (B+C)' = A'B'C'$$

代入定理的基本内容是在任何一个包含变量A的逻辑等式中，若以另外一个逻辑式代入式中所有A的位置，则等式仍然成立。

2. 反演定理

将一个逻辑式Y进行下列变换：

① $\cdot \to +$，$+ \to \cdot$；

② $0 \to 1$，$1 \to 0$；

③ 原变量→反变量，反变量→原变量。

所得新的逻辑式叫作Y的反逻辑式，用Y'表示。

3. 对偶定理

将一个逻辑式Y进行下列变换：

① $\cdot \to +$，$+ \to \cdot$； *和反演定理相比，少了"原变量→反变量，反变量→原变量"*

② $0 \to 1$，$1 \to 0$。

所得新的逻辑式叫作Y的对偶式，用Y^D表示。

2.3 逻辑函数及其表示方法

一、逻辑函数的定义

描述逻辑关系的函数称为逻辑函数，前面讨论的与、或、非、与非、或非、与或非、异或都是逻辑函数。逻辑函数是从生活和生产实践中抽象出来的，但是只有那些能明确地用"是"或"否"作出回答的事物，才能用来定义逻辑函数。

二、逻辑函数的表示方法

1. 真值表

真值表是将输入逻辑变量的各种可能取值和相应的函数值排列在一起而组成的表格。为避免遗漏，各变量的取值组合应按照二进制递增的次序排列。

2. 函数表达式 *按照这种方式化简出来的结果称为"与-或"表达式形式，也称为标准形式或最小项形式*

函数表达式就是由逻辑变量和"与""或""非"三种运算符所构成的表达式。
由真值表可以转换为函数表达式，方法为：找出真值表中函数值为**1**(或真)的所有变量组合，对于每个这样的组合，将值为**1**的变量保持原样(即作为原变量)，将值为**0**的变量取其反(即作为反变量，通常表示为变量的非);然后,将这些组合中的变量(包括原变量和反变量)通过"与"运算连接起来,形成乘积项(也称为最小项);最后,将所有这样的乘积项通过"或"运算相加,得到最终的函数表达式。

由函数表达式也可以转换成真值表,方法为:画出真值表的表格,将变量及变量的所有取值组合按照二进制递增的次序列入表格左边,然后按照表达式,依次对变量的各种取值组合进行运算,求出相应的函数值,填入表格右边对应的位置。

3. 逻辑图

逻辑图就是由逻辑符号及它们之间的连线而构成的图形,如图2.1所示。

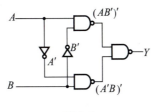

图 2.1

4. 逻辑函数式

常见的逻辑函数式有与或表达式、或与表达式、与非表达式、或非表达式、与或非表达式。**一个逻辑函数的表达式不是唯一的**,并且能互相转换。

(1)最简与或表达式的标准。

①与项最少,即表达式中"+"号最少。

②每个与项中的变量数最少,即表达式中"·"号最少。

(2)逻辑函数式的变换见表2.4。

表 2.4

目标逻辑函数形式	变换方法
与非式	将最简与或式两次取反,再利用德·摩根定律
与或非式	将最简与或式求出反函数,再取反
或与式	将最简与或非式用德·摩根定律展开
或非式	将最简或与式两次取反,再用德·摩根定律展开

5. 波形图

将逻辑函数输入变量每一种可能出现的取值和对应的输出值按照时间顺序依次排列起来,就得到该逻辑函数的波形图,又称时序图。

> 对于一个逻辑函数而言,波形图的表现形式唯一。因此,可利用这一特性,判断化简后的逻辑函数式是否正确,也可用于证明两个不同的逻辑函数是否相等

6. 描述方法间的相互转换

(1)由波形图到真值表。

①从波形图上找出每个时间段里输入变量与函数输出的取值。

②将输入、输出取值对应列表,即得到真值表。

(2)由真值表到波形图。

将真值表中所有的输入变量和对应的输出变量取值依次排列,画成以时间为横轴的波形,即得到波形图。

(3)由逻辑函数式到逻辑图。

①用逻辑图形符号代替逻辑函数式中的逻辑运算符号。

②按运算优先顺序将它们连接起来,即得到逻辑图。

(4)由逻辑图到逻辑函数式。

从逻辑图的输入端到输出端逐级写出每个图形符号的输出逻辑式,即可得到逻辑函数式。

(5)由真值表写出逻辑函数式。

①找出真值表中使逻辑函数 $Y=1$ 的那些输入变量取值的组合。

②每组输入变量取值的组合对应一个乘积项,其中取值为 **1** 的写入原变量,取值为 **0** 的写入反变量。

③将这些乘积项相加,即得到 Y 的逻辑函数式。

(6)由逻辑函数式写出真值表。

将输入变量取值的所有组合状态逐一代入到逻辑式求出函数值,列成表格,即得到真值表。

三、逻辑函数的两种标准形式

1.最小项

(1)定义。

在 n 变量逻辑函数中,若 m 为包含 n 个因子的乘积项,而且这 n 个变量均以原变量或反变量形式在 m 中出现一次,则称 m 为该组变量的最小项。n 变量逻辑函数的最小项共有 2^n 个。使最小项为 **1** 的变量取值对应的十进制数就是该最小项的编号,记作 m_i。

最小项有以下两点注意事项:

①最小项一定为最原始的与形式,不可经过任何化简;

②最小项中的变量个数应与整个表达式中的变量个数一致。

(2)性质。

①对于任意一个最小项,只有一组变量取值使它的值为 **1**,而其余各组变量取值均使它的值为 **0**。

②不同的最小项,使它的值为 **1** 的那组变量取值也不同。

③对于变量的任一组取值,任意两个最小项的乘积为 **0**。

④对于变量的任一组取值,全体最小项的和为 **1**。

(3)最小项之和。

任何一个逻辑函数式都可以转换为一组最小项之和,称为最小项表达式。转换方式如下:

①将逻辑函数式化成若干乘积项之和(与或式)的形式;

②利用基本公式 $A+A'=1$ 将每个乘积项中缺少的因子补全,即得到最小项之和的标准形式。

2.最大项

(1)定义。

在 n 变量逻辑函数中,若 M 为 n 个变量之和,而且这 n 个变量均以原变量或反变量形式在 M 中出现一次,则称 M 为该组变量的最大项。

最大项有以下几点注意事项:

①每一个最大项一定是最原始的或形式;

②每一个最大项包含的变量个数与整个表达式中的变量个数一致;

③最大项与最小项互反,即 $m_1 = M_1'$。

(2)最大项的性质。

①在输入变量的任何取值下必有一个最大项,而且只有一个最大项的值为 **0**。

②全体最大项之积为 **0**。

③任意两个最大项之和为 **1**。

④只有一个变量不同的两个最大项的乘积等于各相同变量之和。

(3)最大项之积。

任何一个逻辑函数式都可以转换为一组最大项之积,称为最大项表达式。转换方式如下:

①将逻辑函数式化成若干多项式相乘(或与式)的形式;

②利用基本公式 $A \cdot A' = 0$ 将每个多项式中缺少的变量补齐,即得到最大项之积的标准形式,并且该标准形式是唯一的。

2.4 逻辑函数的代数化简法

一、并项法

运用公式 $A + A' = 1$,将两项合并为一项,消去一对变量。如

$$Y = ABC' + ABC = AB(C' + C) = AB$$

二、吸收法

运用公式 $A + AB = A$ 消去多余的与项。如

$A(1+B) = A$,
其中,$1 + B = 1$

$$Y = AB' + AB'(C + DE) = AB'$$

三、消项法

运用 $A \cdot B + A' \cdot C + B \cdot C = A \cdot B + A' \cdot C$ 消去多余的项。如

$$Y = AC + AB' + B'C' = AC + B'C'$$

四、消因子法

运用公式 $A + A'B = A + B$ 消去多余的因子。如

$$Y = A' + AB + B'E = A' + B + B'E = A' + B + E$$

五、配项法

先通过乘以 $A + A' = 1$，增加必要的乘积项，或加上 $A \cdot A' = 0$，再用以上方法化简。如

$$Y = AB + A'C + BCD = AB + A'C + BCD(A + A') = AB + A'C + ABCD + A'BCD = AB + A'C$$

2.5 逻辑函数的卡诺图化简法

一、用卡诺图表示逻辑函数

1. 卡诺图的画法

①变量的卡诺图一般都化成正方形或矩形。对于 n 个变量，图中分割出 2^n 个小方块，每个小方块对应一个最小项。

②按循环码排列变量取值顺序填充卡诺图。

2. 卡诺图具有很强的相邻性

①首先是直观相邻性，只要小方格在几何位置上相邻(不管上下左右)，它代表的最小项在逻辑上一定是相邻的。

②其次是对边相邻性，即与中心轴对称的左右两边和上下两边的小方格也具有相邻性。

二、用卡诺图化简逻辑函数

1. 卡诺图化简步骤

①将函数化为最小项之和的形式。

②画出表示该逻辑函数的卡诺图。

③找出可以合并的最小项。

④选取化简后的乘积项。

2. 乘积项选取原则

①这些乘积项应包含函数式中所有的最小项，即应覆盖卡诺图中所有的 **1**。

②所用的乘积项数目最少。

③每个乘积项包含的因子最少。

2.6 具有无关项的逻辑函数及其化简

一、约束项

在逻辑函数中,对输入变量取值所加的限制称为约束。在约束条件中,恒等于 0 的最小项称为函数的约束项。

二、任意项

在输入变量某些取值下,函数值为 1 或为 0 不影响逻辑电路的功能,在这些取值下为 1 的最小项称为任意项。

三、无关项

约束项和任意项可以写入函数式,也可不包含在函数式中,因此统称为无关项。

破题小记一笔

同一个逻辑表达式可以用不同形式表示,但其真值表和卡诺图是唯一的。所以可以借助真值表和卡诺图是否一致证明两个逻辑表达式是否相等。

例 1 证明反演律 $(AB)' = A' + B'$ 和 $(A+B)' = A'B'$。

解析 两个表达式的真值表分别如表 2.5 和表 2.6 所示。

证明 $(AB)' = A' + B'$。

表 2.5

A	B	$(AB)'$	$A' + B'$
0	0	1	1
0	1	1	1
1	0	1	1
1	1	0	0

证明 $(A+B)' = A'B'$。

表 2.6

A B	$(A+B)'$	$A'B'$
0　0	1	1
0　1	0	0
1　0	0	0
1　1	0	0

观察发现，真值表中不同逻辑式对应内容完全一致，因此得证。

> ★ **星峰点悟**
> 后期在做题的时候，也可以用这个性质验证自己化简后的表达式是否正确。只需将自己化简后的表达式和题干中的表达式进行真值表或卡诺图罗列对比即可。

题型 2　反演定理和对偶定理的应用

> **破题小记一笔**
> 利用反演定理，可以非常方便地求得已知逻辑式的反逻辑式；利用对偶定理，可以帮助我们减少公式的记忆量。

例 2 求函数表达式 $Y = A'C + BD'$ 的反函数。

解析 ① $A' \cdot C \to A + C'$；② $B \cdot D' \to B' + D$；③ $A'C + BD' \to (A+C') \cdot (B'+D)$。最终得到反函数为 $Y' = (A+C') \cdot (B'+D)$。

例 3 证明 $A + BC = (A+B)(A+C)$。

解析 $A + BC$ 的对偶式为 $A(B+C)$，$(A+B)(A+C)$ 的对偶式为 $AB+AC$。因为 $A(B+C) = AB + AC$，所以两个逻辑式的对偶式相等，因此两个逻辑式相等，即 $A + BC = (A+B)(A+C)$。

题型 3　逻辑函数常见表示方法

> **破题小记一笔**
> 考查逻辑函数表示方法时，考虑常见为"正逻辑"题型，所以重点关注取值为"**1**"的变量输入和输出的组合方式。

例4 列出函数表达式 $Y = A \cdot B + A' \cdot B'$ 的真值表。

解析 该函数表达式有两个变量,有4种取值的可能组合,将它们按顺序排列起来即得真值表,$Y = A \cdot B + A' \cdot B'$ 的真值表如表2.7所示。

表 2.7

A	B	Y
0	0	1
0	1	0
1	0	0
1	1	1

例5 画出逻辑函数 $Y = A \cdot B + A' \cdot B'$ 的逻辑图。

解析 对应逻辑图如图2.2所示。

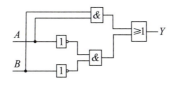

图 2.2

例6 写出如图2.3所示逻辑图的函数表达式。

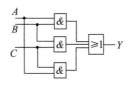

图 2.3

解析 该逻辑图是由基本的"与""或""非"逻辑符号组成的,可由输入至输出逐步写出逻辑表达式:

$$Y = AB + BC + AC$$

例7 三个人表决一件事情,结果按"少数服从多数"的原则决定,试建立该函数表达式。

解析 第一步:变量设定。设自变量 A、B、C 分别代表三人的意见,仅取值为"同意"或"不同意"。设因变量 Y 表示表决结果,仅取值为"通过"或"未通过"。

第二步:逻辑赋值。对 A、B、C:"同意" = **1**,"不同意" = **0**。对 Y:"通过" = **1**,"未通过" = **0**。

第三步:根据题义及上述规定列出函数表达式的真值表,如表2.8所示。 → 即输出逻辑变量

由真值表可以看出,当自变量 A、B、C 取确定值后,因变量 Y 的值就完全确定了。

即输入逻辑变量

$$Y = A'BC + AB'C + ABC' + ABC$$

题目未要求化简,因此写出最原始形式。考试的时候建议同学们继续化简,但卷面上需保留计算过程

表 2.8

A	B	C	Y
0	0	0	0
0	0	1	0
0	1	0	0
0	1	1	1
1	0	0	0
1	0	1	1
1	1	0	1
1	1	1	1

题型 4　最小项和最大项

破题小记一笔

在写最小项和最大项表达式时，一定要写出最原始的形式。比如题干表达式含有 3 个变量，那么写出的最小项和最大项表达式中的每一项，一定也是 3 个变量。

例 8　将逻辑函数 $Y(A,B,C) = AB + A'C$ 转换成最小项表达式。

（这里的最小项是包含 A、B、C 三个元素的）

解析　该函数为三变量函数，而表达式中每项只含有两个变量，不是最小项。要变为最小项，就应补齐缺少的变量，办法为将各项乘以 **1**，如 AB 项乘以 $(C+C')$。

（利用 $C+C'=1$，在化简最小项时，常用这个方法）

$$Y(A,B,C) = AB + A'C = AB(C+C') + A'C(B+B') = ABC + ABC' + A'BC + A'B'C = m_7 + m_6 + m_3 + m_1$$

为了简化，也可用最小项下标编号来表示最小项，故上式也可写为

$$Y(A,B,C) = \sum m(1,3,6,7)$$

星峰点悟

最小项和最大项之间互为相反关系，并且在整个表达式中"数值互补"。以上题为例，最小项表达式为

$$Y(A,B,C) = \sum m(1,3,6,7)$$

根据"数值互补"，可以立即写出最大项之积表达式为

$$Y(A,B,C) = \prod M(0,2,4,5)$$

题型 5 卡诺图化简逻辑函数

破题小记一笔

注意,若无额外要求,卡诺图化简后的结果并不唯一。根据不同的"画圈"规则,化简出来的结果往往不一致。但根据真值表和卡诺图的一致性,可以根据表达式的真值表或卡诺图是否相同,判断结果是否正确。

例9 用卡诺图化简法将下式化简为最简与或函数式。

$$Y = AC' + A'C + BC' + B'C$$

解析 首先画出表示函数 Y 的卡诺图,如图 2.4 所示。

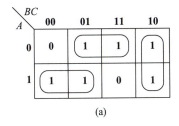
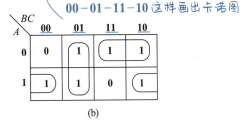

图 2.4

填写 Y 的卡诺图时,并不一定要将 Y 完全展开然后化为最小项之和的形式。例如,式中的 AC' 一项包含了所有含有 AC' 因子的最小项,而不管另一个因子是 B 还是 B'。从另外一个角度讲,也可以理解为 AC' 是 ABC' 和 $AB'C'$ 两个最小项相加合并的结果。因此,在填写 Y 的卡诺图时,可以直接在卡诺图上所有对应 $A=1$,$C=0$ 的空格里填入 **1**。

其次,需要找出可以合并的最小项,将可能合并的最小项用线圈出。由图 2.4(a) 和图 2.4(b) 可见,有两种可取的合并最小项的方案。如果按图 2.4(a) 的方案合并最小项,则得到

$$Y = AB' + A'C + BC'$$

而按图 2.4(b) 的方案合并最小项得到

$$Y = AC' + B'C + A'B$$

两个化简结果都符合最简与或式的标准。

★ 星峰点悟

对于无关项的化简,只需根据需要,将"×"当成 **0** 或 **1** 使用即可,不影响最终化简结果的准确性。

解习题

1. 试用列真值表的方法证明下列异或运算公式。

(1) $A \oplus 0 = A$；

(2) $A \oplus 1 = A'$；

(3) $A \oplus A = 0$；

(4) $A \oplus A' = 1$；

(5) $(A \oplus B) \oplus C = A \oplus (B \oplus C)$；

(6) $A(B \oplus C) = AB \oplus AC$；

(7) $A \oplus B' = (A \oplus B)' = A \oplus B \oplus 1$。

解析 对于同一个系统，其逻辑函数式和逻辑图不固定，但真值表和卡诺图是固定表示方法。因此，可以将等式两侧对应的真值表列出，若两边真值表相同，则等式成立。

(1) 证明 $A \oplus 0 = A$ (见表2.9)。 *记住异或计算公式：$Y = A'B + AB'$，然后进行 0,1 代入计算即可。真值表与函数式可以进行相互推导*

表2.9

A	0	$A \oplus 0$
0	0	0
1	0	1

(2) 证明 $A \oplus 1 = A'$ (见表2.10)。

表2.10

A	1	$A \oplus 1$
0	1	1
1	1	0

(3) 证明 $A \oplus A = 0$ (见表2.11)。

表2.11

A	A	$A \oplus A$
0	0	0
1	1	0

(4)证明 $A \oplus A' = 1$(见表2.12)。

表2.12

A	A'	$A \oplus A'$
0	1	1
1	0	1

(5)证明 $(A \oplus B) \oplus C = A \oplus (B \oplus C)$(见表2.13)。

表2.13

A	B	C	$(A \oplus B) \oplus C$	$A \oplus (B \oplus C)$
0	0	0	0	0
0	0	1	1	1
0	1	0	1	1
0	1	1	0	0
1	0	0	1	1
1	0	1	0	0
1	1	0	0	0
1	1	1	1	1

(6)证明 $A(B \oplus C) = AB \oplus AC$(见表2.14)。

表2.14

A	B	C	$A(B \oplus C)$	$AB \oplus AC$
0	0	0	0	0
0	0	1	0	0
0	1	0	0	0
0	1	1	0	0
1	0	0	0	0
1	0	1	1	1
1	1	0	1	1
1	1	1	0	0

(7) 证明 $A \oplus B' = (A \oplus B)' = A \oplus B \oplus 1$（见表 2.15）。

表 2.15

A	B	C	$A \oplus B'$	$(A \oplus B)'$	$A \oplus B \oplus 1$
0	0	1	1	1	1
0	1	0	0	0	0
1	0	1	0	0	0
1	1	0	1	1	1

2. 略。

3. 已知逻辑函数 Y_1 和 Y_2 的真值表如表 2.16 和表 2.17 所示，试写出 Y_1 和 Y_2 的逻辑函数式。

表 2.16

A	B	C	Y_1
0	0	0	1
0	0	1	1
0	1	0	0
0	1	1	0
1	0	0	1
1	0	1	1
1	1	0	0
1	1	1	1

表 2.17

A	B	C	D	Y_2
0	0	0	0	0
0	0	0	1	1
0	0	1	0	1
0	0	1	1	0
0	1	0	0	1
0	1	0	1	0
0	1	1	0	0
0	1	1	1	1
1	0	0	0	1

续表

A	B	C	D	Y_2
1	0	0	1	0
1	0	1	0	0
1	0	1	1	1
1	1	0	0	0
1	1	0	1	1
1	1	1	0	1
1	1	1	1	0

解析 对真值表中 Y_1 和 Y_2 的取值为 **1** 的输入变量进行组合，为 **1** 的写为原变量，为 **0** 的写为反变量，得到组合的最小项形式，如表 2.18 和表 2.19 所示，然后将所有的最小项相加即可。

表 2.18

A	B	C	Y_1
0	0	0	$A'B'C'$
0	0	1	$A'B'C$
0	1	0	0
0	1	1	0
1	0	0	$AB'C'$
1	0	1	$AB'C$
1	1	0	0
1	1	1	ABC

表 2.19

A	B	C	D	Y_2
0	0	0	0	0
0	0	0	1	$A'B'C'D$
0	0	1	0	$A'B'CD'$
0	0	1	1	0
0	1	0	0	$A'BC'D'$
0	1	0	1	0
0	1	1	0	0

续表

A	B	C	D	Y_2
0	1	1	1	$A'BCD$
1	0	0	0	$AB'C'D'$
1	0	0	1	0
1	0	1	0	0
1	0	1	1	$AB'CD$
1	1	0	0	0
1	1	0	1	$ABC'D$
1	1	1	0	$ABCD'$
1	1	1	1	0

$$Y_1 = A'B'C' + A'B'C + AB'C' + AB'C + ABC$$

$$Y_2 = A'B'C'D + A'B'CD' + A'BC'D' + A'BCD + AB'C'D' + AB'CD + ABC'D + ABCD'$$

4. 略。

5. 列出下列逻辑函数的真值表。

(1) $Y_1 = A'B + BC + ACD'$；

(2) $Y_2 = A'B'CD' + (B \oplus C)'D + AD$。

解析 将所有输入变量的组合形式罗列，然后一一代入逻辑函数式中即可。

(1) Y_1 的真值表如表2.20所示。

表2.20

A	B	C	D	$A'B$	BC	ACD'	$Y_1 = A'B + BC + ACD'$
0	0	0	0	0	0	0	0
0	0	0	1	0	0	0	0
0	0	1	0	0	0	0	0
0	0	1	1	0	0	0	0
0	1	0	0	1	0	0	1
0	1	0	1	1	0	0	1
0	1	1	0	1	1	0	1
0	1	1	1	1	1	0	1
1	0	0	0	0	0	0	0

续表

A	B	C	D	A'B	BC	ACD'	$Y_1 = A'B + BC + ACD'$
1	0	0	1	0	0	0	0
1	0	1	0	0	0	1	1
1	0	1	1	0	0	0	0
1	1	0	0	0	0	0	0
1	1	0	1	0	0	0	0
1	1	1	0	0	1	1	1
1	1	1	1	0	1	0	1

(2) 如果采用全部列表的方法，为直观起见，可以将 Y_2 式展开为

$$Y_2 = A'B'CD' + AD + B'C'D + BCD$$

然后列出如表2.21所示的真值表。

表2.21

A	B	C	D	A'B'CD'	AD	B'C'D	BCD	$Y_2 = A'B'CD' + (B \oplus C)'D + AD$
0	0	0	0	0	0	0	0	0
0	0	0	1	0	0	1	0	1
0	0	1	0	1	0	0	0	1
0	0	1	1	0	0	0	0	0
0	1	0	0	0	0	0	0	0
0	1	0	1	0	0	0	0	0
0	1	1	0	0	0	0	0	0
0	1	1	1	0	0	0	1	1
1	0	0	0	0	0	0	0	0
1	0	0	1	0	1	1	0	1
1	0	1	0	0	0	0	0	0
1	0	1	1	0	1	0	0	1
1	1	0	0	0	0	0	0	0
1	1	0	1	0	1	0	0	1
1	1	1	0	0	0	0	0	0
1	1	1	1	0	1	0	1	1

6. 写出如图2.5(a)、(b)所示电路的输出逻辑函数式。

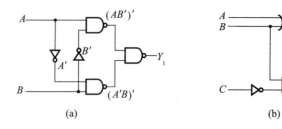

图 2.5

解析 从左至右，一层一层标出每一个门的输出函数，如图2.5所示，即可得到最终输出结果。题目未要求化简为指定形式，因此，本题仅作简单化简。

$$Y_1 = [(AB')'(A'B)']' = AB' + A'B = A \oplus B$$

$$Y_2 = [(A \oplus B) + (BC')']' = ABC'$$

7. 写出如图2.6(a)、(b)所示电路的输出逻辑函数式。

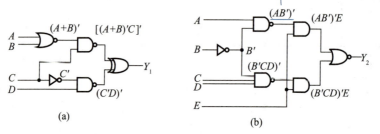

图 2.6

解析 从左至右，一层一层标出每一个门的输出函数，如图2.6所示，即可得到最终输出结果。题目未要求化简为指定形式，因此，本题仅作简单化简。

$$Y_1 = [(A+B)'C]' \oplus (C'D)'$$

$$= (A'B'C)' \oplus (C'D)'$$

$$= A'B'C(C+D') + (A+B+C')C'D$$

$$= A'B'C + A'B'CD' + AC'D + BC'D + C'D$$

$$= A'B'C + C'D$$

$$Y_2 = [(AB')'E + (B'CD)'E]'$$

$$= [(AB')'E]'[(B'CD)'E]'$$

$$= (AB' + E')(B'CD + E')$$

$$= AB'CD + E'$$

8. 已知逻辑函数 Y 的波形图如图2.7所示，试求 Y 的真值表和逻辑函数式。

在求解这类题时我们根据波形图的信息罗列输入与输出的真值表，然后根据真值表中所有"1"相加（即最小项之和形式）或者所有"0"相乘（即最大项之积形式）。因此在解决这类问题时我们一定对这两个知识点进行熟练掌握，才能保证考试时不丢分

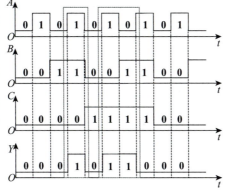

图2.7

解析 根据波形图，罗列输入变量和输出变量的真值表，如表2.22所示：

表2.22

A	B	C	Y
0	0	0	0
1	0	0	0
0	1	0	0
1	1	0	1
0	0	1	0
1	0	1	1
0	1	1	1
1	1	1	0

根据真值表写出逻辑函数式为

$$Y = ABC' + AB'C + A'BC$$

9. 略。

10. 将下列各函数式化为最小项之和的形式。

(1) $Y = A'BC + AC + B'C$；

(2) $Y = AB'C'D + BCD + A'D$； ← 给定表达式中的变量是 A、B、C、D，因此可能的最小项是这四个变量的所有组合，利用 $A+A'=1$，$B+B'=1$，$C+C'=1$，以下均类似

(3) $Y = A + B + CD$；

(4) $Y = AB + [(BC)'(C' + D')]'$；

(5) $Y = LM' + MN' + NL'$；

(6) $Y = [(A \odot B)(C \odot D)]'$。

解析（1）
$$Y = A'BC + AC(B+B') + B'C(A+A')$$
$$= A'BC + AB'C + ABC + A'B'C$$

（2）
$$Y = AB'C'D + (A+A')BCD + A'D(B+B')(C+C')$$
$$= AB'C'D + A'BCD + ABCD + A'B'C'D + A'B'CD + A'BC'D$$

（3）
$$Y = A(B+B') + B(A+A') + CD(A+A')(B+B')$$
$$= AB(C+C')(D+D') + A'B(C+C')(D+D') +$$
$$AB'(C+C')(D+D') + CD(A+A')(B+B')$$
$$= A'B'CD + A'BC'D' + A'BC'D + A'BCD' + AB'CD +$$
$$A'BCD + AB'C'D' + AB'C'D + AB'CD + ABC'D' +$$
$$ABC'D + ABCD' + ABCD$$

（4）
$$Y = AB + BC + CD$$
$$= ABC'D' + ABC'D + ABCD' + ABCD + A'BCD' +$$
$$A'BCD + A'B'CD + AB'CD$$

（5）
$$Y = LM' + MN' + NL'$$
$$= LM'(N+N') + MN'(L+L') + NL'(M+M')$$
$$= LM'N' + LM'N + L'MN' + LMN' + L'M'N + L'MN$$

（6）
$$Y = (A\odot B)' + (C\odot D)' = (A\oplus B) + (C\oplus D)$$
$$= A'B + AB' + C'D + CD'$$
$$= A'BC'D' + A'BCD' + A'BC'D + A'BCD + AB'C'D' + AB'C'D +$$
$$AB'CD' + AB'CD + A'B'CD' + ABCD' + A'B'C'D + ABC'D$$

11. 将下列各式化为最大项之积的形式。

（1）$Y = (A+B)(A'+B'+C')$；

（2）$Y = AB' + C$；

（3）$Y = A'BC' + B'C + AB'C$；

（4）$Y = BCD' + C + A'D$；

（5）$Y(A,B,C) = \sum m(1,2,4,6,7)$；

（6）$Y(A,B,C,D) = \sum m(0,1,2,4,5,6,8,10,11,12,14,15)$。

> 可以先计算所有最小项之和的形式，通过最大项和最小项之间的关系求解。如：已知的最小项为第1、2、5项，那么未出现的最小项为第0、3、4、6、7项。这些未出现的最小项序号为最大项序号，即最大项为 M_0, M_3, M_4, M_6, M_7

解析（1）
$$Y = (A+B+CC')(A'+B'+C')$$
$$= (A+B+C)(A+B+C')(A'+B'+C')$$

(2)
$$Y = (A+C)(B'+C)$$
$$= (A+BB'+C)(AA'+B'+C)$$
$$= (A+B'+C)(A+B+C)(A'+B'+C)$$

(3) 首先将 Y 展开为最小项之和形式, 得到
$$Y(A,B,C) = m_1 + m_2 + m_5$$

根据 $Y+Y'=1$ 以及全部最小项之和为 1 可知
$$Y' = m_0 + m_3 + m_4 + m_6 + m_7$$
$$Y = (Y')' = (m_0 + m_3 + m_4 + m_6 + m_7)'$$
$$= m_0' m_3' m_4' m_6' m_7'$$

又知 $m_i' = M_i$, 故得

> 这也是最小项和最大项之间关系的转化, 同学们要能够知道并且在做题的时候正确应用

$$Y = M_0 M_3 M_4 M_6 M_7$$
$$= (A+B+C)(A+B'+C')(A'+B+C)(A'+B'+C)(A'+B'+C')$$

(4)
$$Y = BCD' + C + A'D$$
$$= C + A'D$$
$$= (A'+C)(C+D)$$
$$= (A'+BB'+C)(AA'+C+D)$$
$$= (A'+B'+C+DD')(A'+B+C+DD')(A'+BB'+C+D)(A+BB'+C+D)$$
$$= (A'+B'+C+D')(A'+B'+C+D)(A'+B+C+D') \cdot$$
$$(A'+B+C+D)(A+B'+C+D)(A+B+C+D)$$

(5) 因为已知 $Y(A,B,C) = m_1 + m_2 + m_4 + m_6 + m_7$, 所以
$$Y' = m_0 + m_3 + m_5$$
$$Y = (Y')' = (m_0 + m_3 + m_5)' = m_0' \cdot m_3' \cdot m_5'$$
$$= M_0 \cdot M_3 \cdot M_5$$
$$= (A+B+C)(A+B'+C')(A'+B+C')$$

(6) 因为已知
$$Y(A,B,C,D) = m_0 + m_1 + m_2 + m_4 + m_5 + m_6 + m_8 + m_{10} + m_{11} + m_{12} + m_{14} + m_{15}$$

所以
$$Y' = m_3 + m_7 + m_9 + m_{13}$$

$$Y = (Y')' = (m_3 + m_7 + m_9 + m_{13})'$$
$$= m_3' \cdot m_7' \cdot m_9' \cdot m_{13}'$$
$$= M_3 \cdot M_7 \cdot M_9 \cdot M_{13}$$
$$= (A+B+C'+D')(A+B'+C'+D')(A'+B+C+D')(A'+B'+C+D')$$

12. 利用逻辑代数的基本公式和常用公式化简下列各式。

(1) $ACD' + D'$；

(2) $AB'(A+B)$；

(3) $AB' + AC + BC$；

(4) $AB(A+B'C)$；

(5) $E'F' + E'F + EF' + EF$；

(6) $ABD + AB'CD' + AC'DE + A$；

(7) $A'BC + (A+B')C$；

(8) $AC + BC' + A'B$。

解析（1）$ACD' + D' = D'$。

(2) $AB'(A+B) = AB'$。

(3) $AB' + AC + BC = AB' + BC$。

(4) $AB(A+B'C) = AB$。

(5) $E'F' + E'F + EF' + EF = E'(F'+F) + E(F'+F) = E' + E = \mathbf{1}$。

(6) $ABD + AB'CD' + AC'DE + A = A$。

(7) $A'BC + (A+B')C = (A'B)C + (A'B)'C = C$。

(8) $AC + BC' + A'B = AC + B(A'+C') = AC + (AC)'B = AC + B$。

13. 略。

14. 写出图2.8中各卡诺图所表示的逻辑函数式。

A\BC	00	01	11	10
0	0	0	1	0
1	1	1	0	1

(a)

AB\CD	00	01	11	10
00	1	0	0	1
01	0	1	0	0
11	0	0	1	0
10	1	0	0	1

(b)

图2.8

CD\AB	00	01	11	10
00	0	1	0	1
01	0	1	1	0
11	1	0	1	0
10	0	0	0	1

(c)

CDE\AB	000	001	011	010	110	111	101	100
00	1	0	0	0	0	1	1	0
01	0	1	1	0	0	0	0	1
11	0	0	0	0	0	1	1	0
10	1	0	1	1	0	0	0	0

(d)

图 2.8(续)

解析 (a) $Y = A'BC + AB'C' + AB'C + ABC'$。

(b) $Y = A'B'C'D' + A'B'CD' + A'BC'D + AB'C'D' + AB'CD' + ABCD$。

(c) $Y = A'B'C'D + A'B'CD' + A'BC'D + A'BCD + AB'CD' + ABC'D' + ABCD$。

(d) $Y = A'B'C'D'E' + A'B'CD'E + A'B'CDE + A'BC'D'E + A'BC'DE + A'BCD'E' + AB'C'D'E' + AB'C'DE' + AB'C'DE + ABCD'E + ABCDE$。

15. 用卡诺图化简法化简以下逻辑函数。

（1）$Y_1 = C + ABC$；

（2）$Y_2 = AB'C + BC + A'BC'D$；

（3）$Y_3(A,B,C) = \sum m(1,2,3,7)$；

（4）$Y_4(A,B,C,D) = \sum m(0,1,2,3,4,6,8,9,10,11,14)$。

解析 （1）画出 Y_1 的卡诺图，如图 2.9(a)所示。将图中的 **1** 合并，得到

$$Y_1 = C$$

（2）画出 Y_2 的卡诺图，如图 2.9(b)所示。将图中的 **1** 合并，得到

$$Y_2 = A'BD + AC + BC$$

（3）画出 Y_3 的卡诺图，如图 2.9(c)所示。将图中的 **1** 合并，得到

$$Y_3 = A'B + A'C + BC$$

（4）画出 Y_4 的卡诺图，如图 2.9(d)所示。将图中的 **1** 合并，得到

$$Y_4 = A'D' + CD' + B'$$

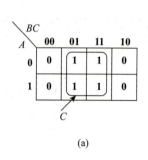
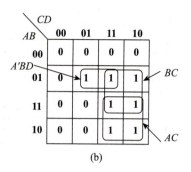

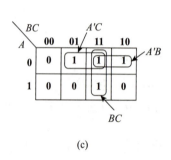
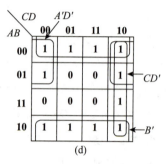

图 2.9

16. 用卡诺图化简法将下列函数化为最简与或形式。

(1) $Y = ABC + ABD + C'D' + AB'C + A'CD + AC'D$；

(2) $Y = AB' + A'C + BC + C'D$；

(3) $Y = A'B' + BC' + A' + B' + ABC$；

(4) $Y = A'B' + AC + B'C'$；

(5) $Y = AB'C' + A'B' + A'D + C + BD$；

(6) $Y(A,B,C) = \sum m(0,1,2,5,6,7)$；

(7) $Y(A,B,C,D) = \sum m(0,1,2,5,8,9,10,12,14)$；

(8) $Y(A,B,C) = \sum m(1,4,7)$。

解析 (1) 画出函数的卡诺图，如图 2.10(a) 所示。将图中的 **1** 合并，得到

$$Y = A + D'$$

(2) 画出函数的卡诺图，如图 2.10(b) 所示。将图中的 **1** 合并，得到

$$Y = AB' + C + D$$

(3) 画出函数的卡诺图，如图 2.10(c) 所示。将图中的 **1** 合并，得到

$$Y = 1$$

(4) 画出函数的卡诺图，如图 2.10(d) 所示。将图中的 **1** 合并，得到

$$Y = A'B' + AC$$

(5) 画出函数的卡诺图，如图 2.10(e) 所示。将图中的 **1** 合并，得到

$$Y = B' + C + D$$

（6）画出函数的卡诺图，如图2.10(f)所示。将图中的**1**合并，得到

$$Y = A'B' + AC + BC'$$

（7）画出函数的卡诺图，如图2.10(g)所示。将图中的**1**合并，得到

$$Y = AD' + B'C' + B'D' + A'C'D$$

（8）画出函数的卡诺图，如图2.10(h)所示。由于图中的**1**已无法继续合并，因此直接写出其最小项表达式，得到

$$Y = A'B'C + AB'C' + ABC = \sum m(1,4,7)$$

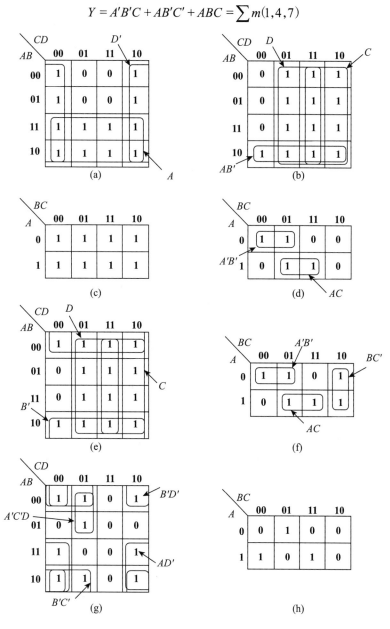

图**2.10**

17. 略。

18. 写出图 2.11 中各逻辑图的逻辑函数式，并化简为最简与或式。

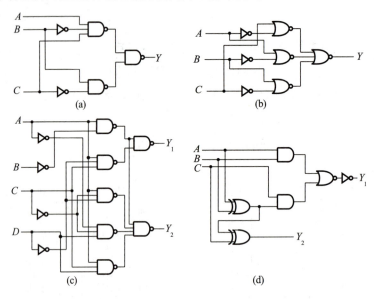

图 2.11

解析 (a) $Y = [(AB'C)'(BC')']' = AB'C + BC'$。

(b) $Y = [(A'+C)' + (A+B')' + (B+C')']' = (A'+C)(A+B')(B+C') = ABC + A'B'C'$。

(c) $Y_1 = [(AB')'(ACD')']' = AB' + ACD'$；

$Y_2 = [(AB')'(AC'D')'(A'C'D)'(ACD)']' = AB' + AC'D' + A'C'D + ACD$。

(d) $Y_1 = \{[AB + C(A \oplus B)]'\}' = AB + C(A'B + AB') = AB + AC + BC$；

$Y_2 = (A \oplus B) \oplus C = (A \oplus B)C' + (A \oplus B)'C = AB'C' + A'BC' + A'B'C + ABC$。

19. 对于互相排斥的一组变量 A、B、C、D、E（即任何情况下 A、B、C、D、E 不可能有两个或两个以上同时为 **1**），试证明 $AB'C'D'E' = A$，$A'BC'D'E' = B$，$A'B'CD'E' = C$，$A'B'C'DE' = D$，$A'B'C'D'E = E$。

解析 以证明 $AB'C'D'E' = A$ 为例，进行详解说明。根据题意，A、B、C、D、E 互斥，不可能同时出现两个或两个以上的变量为 **1**。因此，凡是包含两个或两个以上变量为 **1** 的项，其取值应为 **0**。可得下式：

$$AB'C'D'E' = AB'C'D'E' + AB'C'D'E = AB'C'D'(E' + E)$$
$$= AB'C'D' + AB'C'D = AB'C'(D' + D)$$
$$= AB'C' + AB'C = AB'(C' + C)$$
$$= AB' + AB = A(B' + B)$$
$$= A$$

同理，对 $A'BC'D'E' = B$，$A'B'CD'E' = C$，$A'B'C'DE' = D$，$A'B'C'D'E = E$ 可证。

20. 略。

21. 将下列具有无关项的逻辑函数化为最简的与或逻辑式。

(1) $Y_1(A,B,C) = \sum m(0,1,2,4) + d(5,6)$；

(2) $Y_2(A,B,C) = \sum m(1,2,4,7) + d(3,6)$；

(3) $Y_3(A,B,C,D) = \sum m(3,5,6,7,10) + d(0,1,2,4,8)$；

(4) $Y_4(A,B,C,D) = \sum m(2,3,7,8,11,14) + d(0,5,10,15)$。

解析 画出 Y_1、Y_2、Y_3、Y_4 的卡诺图，分别为图 2.12(a)~(d) 所示，化简后得到

$$Y_1 = B' + C'$$

$$Y_2 = B + A'C + AC'$$

$$Y_3 = A' + B'D'$$

$$Y_4 = AC + CD + B'D'$$

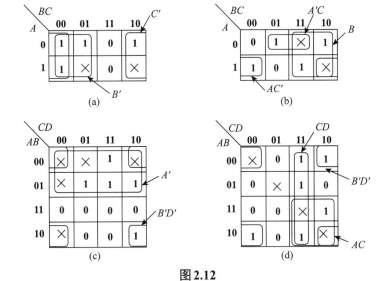

图 2.12

22. 试证明两个逻辑函数间的与、或、异或运算可以通过将它们的卡诺图中对应的最小项做与、或、异或运算来实现，如图 2.13 所示。

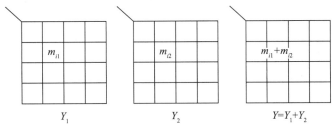

图 2.13

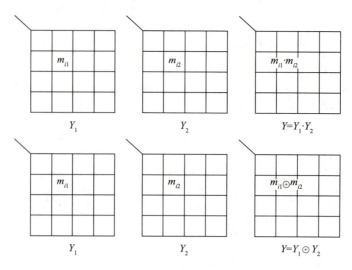

图2.13(续)

解析 设两个逻辑函数分别为 $Y_1 = \sum m_{i1}$，$Y_2 = \sum m_{i2}$。

①证明 $Y_1 \cdot Y_2 = \sum m_{i1} \cdot m_{i2}$。

因为任何两个不同的最小项之积均为 0，因此两个逻辑表达式的与项中只含有两个逻辑表达式共同的最小项。所以 Y_1 和 Y_2 的乘积中仅为它们共同的最小项之和，即

$$Y_1 \cdot Y_2 = \sum m_{i1} \cdot \sum m_{i2} = \sum m_{i1} \cdot m_{i2}$$

因此，原题得证。

②证明 $Y_1 + Y_2 = \sum m_{i1} + \sum m_{i2}$。

当两个逻辑表达式相加时，任何一个逻辑表达式的最小项都和相加后的最小项一致。因此，$Y_1 + Y_2$ 等于 Y_1 和 Y_2 的所有最小项之和，所以将 Y_1 和 Y_2 卡诺图中对应的最小项相加即可，原题得证。

③证明 $Y_1 \oplus Y_2 = \sum m_{i1} \oplus m_{i2}$。

已知 $Y_1 \oplus Y_2 = (Y_1 \odot Y_2)' = (Y_1Y_2 + Y_1'Y_2')'$，若两个逻辑式 Y_1、Y_2 进行同或运算，则同或运算后为 1 的项是 Y_1、Y_2 中同时为 0 或同时为 1 的项。再者，异或和同或互为逆运算，所以异或后为 1 的项，应等于 Y_1、Y_2 中取值不同的项相加。因此，可以通过 Y_1、Y_2 卡诺图中对应最小项的异或运算求出 $Y_1 \oplus Y_2$ 卡诺图中对应的最小项，原题得证。

23、24. 略。

25. 化简下列一组多输出逻辑函数。要求尽可能利用共用项,将这一组逻辑函数从总体上化为最简,并将化简结果与 Y_1、Y_2 和 Y_3 各自独立化简的结果进行比较。

$$Y_1(A,B,C,D) = \sum m(0,8,9,10,11,14,15)$$

$$Y_2(A,B,C,D) = \sum m(0,2,3,6,7,10,11,12,13,15)$$

$$Y_3(A,B,C,D) = \sum m(0,1,3,5,7,10,11,12,13,14,15)$$

解析 若将 Y_1、Y_2、Y_3 分别进行化简,则可以画出图 2.14(a) 的卡诺图,合并最小项后得到

$$Y_1(A,B,C,D) = AB' + B'C'D' + AC$$

$$Y_2(A,B,C,D) = A'B'D' + ABC' + CD + B'C + A'C$$

$$Y_3(A,B,C,D) = A'B'C' + A'D + AB + AC$$

根据上式得到的逻辑图如图 2.14(c) 所示。实现这一组逻辑函数需要 15 个门和 40 个输入端。

若利用共用项将 Y_1、Y_2 整体化简,则可以按图 2.14(b) 所示合并最小项,得到

$$Y_1(A,B,C,D) = A'B'C'D' + AB' + AC$$

$$Y_2(A,B,C,D) = A'B'C'D' + ABC' + CD + B'C + A'C$$

$$Y_3(A,B,C,D) = A'B'C'D' + A'D + ABC' + AC$$

根据上式得到的逻辑图如图 2.14(d) 所示。实现这一组逻辑函数只需要 11 个门和 31 个输入端。

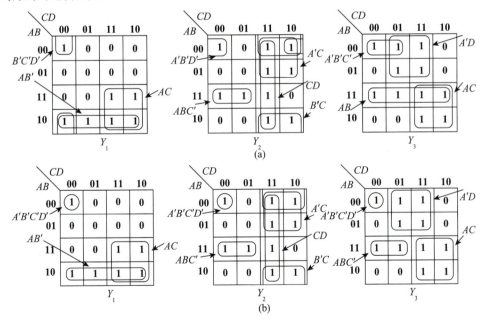

图 2.14

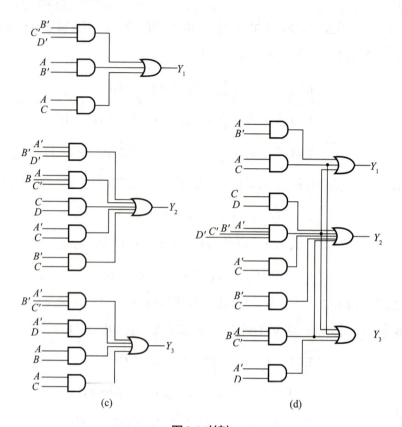

图 2.14(续)

26、27. 略。

第三章 门电路

本章系统地讲述了数电集成电路中的常用器件——门电路的相关内容。重点内容：正、负逻辑的概念和表示方法；MOS管的开关特性和常见CMOS器件；TTL门的开关特性和常见TTL门器件；CMOS和TTL的对比。本章节内容难度较大，与器件内部逻辑结构和原理贴合较为紧密，考生需要深入了解其中的原理和应用。

3.1 正逻辑和负逻辑

正逻辑是指用电路的高电平代表逻辑1，低电平代表逻辑0；负逻辑是指用电路的低电平代表逻辑1，高电平代表逻辑0。

> 这里的逻辑1或逻辑0根据题目中规定而来，常见形式逻辑1代表高电平，逻辑0代表低电平

对于一个数字电路，既可以采用正逻辑，也可以采用负逻辑。同一电路，如果采用不同的逻辑规定，

那么电路所实现的逻辑运算可能是不同的。各种与门、或门的正、负的逻辑电平关系如表3.1和表3.2所示。

表 3.1

输入		输出	
X	Y	与门	或门
0	0	0	0
0	1	0	1
1	0	0	1
1	1	1	1

表 3.2

输入		输出	
X	Y	与门	或门
0	0	0	0
0	1	1	0
1	0	1	0
1	1	1	1

工程实践中,电路描述一般采用正逻辑体制,负逻辑体制用得比较少,今后除非特殊说明,本书中一律采用正逻辑。由上述分析可知,正逻辑的与非对应负逻辑的或非;同理,正逻辑的或非与负逻辑的与非相对应。因此,如果需要,可以按下列方式进行两种逻辑体制的互换:

$$与非 \Leftrightarrow 或非$$
$$与 \Leftrightarrow 或$$
$$非 \Leftrightarrow 非$$

3.2 半导体二极管门电路

一、二极管的分类

按照所用的**半导体材料**可分为锗管和硅管。

根据其**不同用途**可分为检波二极管、整流二极管、稳压二极管、开关二极管、发光二极管、光电二极管、变容二极管等。如图3.1所示,针对几个常见二极管进行简要说明。

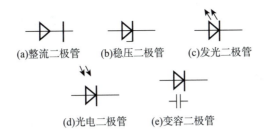

图3.1

整流二极管:利用单向导电性把交流电变成直流电的二极管。

稳压二极管:利用反向击穿特性进行稳压的二极管。

发光二极管:利用空穴与电子复合产生的能量进行发光的二极管。

光电二极管:将光信号转变为电信号的二极管。

变容二极管:利用反向偏压改变PN结电容量的二极管。

按照**管芯结构**可分为点接触型二极管(电流小,高频应用)、面接触型二极管(电流大,用于整流)及平面型二极管。

二、二极管与门

二极管与门电路图如图3.2所示,电路逻辑电平关系表及真值表如表3.3、表3.4所示。

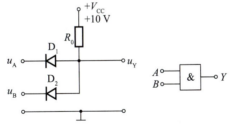

图3.2

表3.3

A/V	B/V	Y/V
0	0	0.7
0	3	0.7
3	0	0.7
3	3	3.7

表3.4

A	B	Y
0	**0**	**0**
0	**1**	**0**
1	**0**	**0**
1	**1**	**1**

以 $V_{CC}=10\ \text{V}$ 为例简单说明电路工作原理。假设3 V及以上代表高电平,0.7 V及以下代表低电平。

当 $u_A=u_B=0\ \text{V}$ 时,D_1,D_2 正偏,两个二极管均会导通,此时 u_Y 点电压即为二极管导通电压,也就是 D_1,D_2 导通电压0.7 V。

当 u_A，u_B 一高一低时，假设 $u_A=3\,\mathrm{V}$，$u_B=0\,\mathrm{V}$，D_2 导通，导通后 D_2 压降将会被限制在 $0.7\,\mathrm{V}$，那么 D_1 会反偏截止，u_Y 为 $0.7\,\mathrm{V}$。

当 $u_A=u_B=3\,\mathrm{V}$ 时，D_1，D_2 正偏，u_Y 被限定在 $3.7\,\mathrm{V}$。

三、二极管或门

二极管或门电路图如图 3.3 所示，电路逻辑电平关系表及真值表如表 3.5、表 3.6 所示。

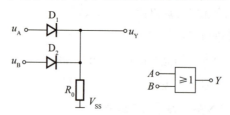

图 3.3

表 3.5

A/V	B/V	Y/V
0	0	0
0	3	2.3
3	0	2.3
3	3	2.3

表 3.6

A	B	Y
0	0	0
0	1	1
1	0	1
1	1	1

以 $V_{SS}=0\,\mathrm{V}$ 为例说明电路工作原理，假设 $2.3\,\mathrm{V}$ 及以上代表高电平，$0\,\mathrm{V}$ 及以下代表低电平。

当 $u_A=u_B=0\,\mathrm{V}$ 时，D_1，D_2 截止，$u_Y=0\,\mathrm{V}$。

当 $u_A=3\,\mathrm{V}$、$u_B=0\,\mathrm{V}$ 时，D_1 导通，D_2 截止，$u_Y=3-0.7=2.3\,\mathrm{V}$。

当 $u_A=0\,\mathrm{V}$、$u_B=3\,\mathrm{V}$ 时，D_2 导通，D_1 截止，$u_Y=2.3\,\mathrm{V}$。

当 $u_A=u_B=3\,\mathrm{V}$ 时，D_1，D_2 都导通，$u_Y=3-0.7=2.3\,\mathrm{V}$。

二极管门电路的缺点：

①输出的高低电平数值和输入的高低电平不相等，相差一个导通电压，如果输出作为下一级门输入信号，将发生高、低电平偏移。

②二极管与门在使用时，输出端对地接上负载电阻，负载电阻的改变会影响输出高电平。因此，这种电路只能用作 IC 内部的逻辑单元，不能作为 IC 的输出端直接驱动负载。

3.3 CMOS门电路

一、MOS管的四种类型

常见四种MOS管类型对比如表3.7所示。

表3.7

MOS管类型	衬底材料	导电沟道	开启电压	夹断电压	电压极性 v_{DS}	电压极性 v_{GS}	标准符号	简化符号
N沟道增强型	P型	N型	+		+	+		
P沟道增强型	N型	P型	−		−	−		
N沟道耗尽型	P型	N型		−	+	±		
P沟道耗尽型	N型	P型	+		−	∓		

二、反相器(非门)

1. CMOS反相器的结构和工作原理

CMOS反相器的结构如图3.4所示,由NMOS和PMOS组成,栅端相连作为输入端,漏端相连作为输出端,NMOS的源端接地,PMOS的源端接电源 V_{DD}。

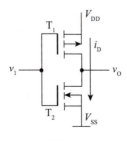

图3.4

2. 反相器的电压、电流传输特性

反相器电压、电流传输特性图如图3.5所示。

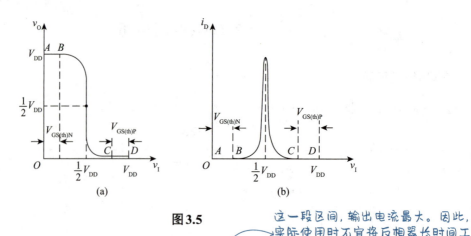

图3.5

> 这一段区间，输出电流最大。因此，实际使用时不宜将反相器长时间工作在此段范围内，以免损坏元器件

对图3.5分段分析可得：AB 段，T_1 导通，T_2 截止；BC 段，T_1、T_2 导通，由于 T_1 和 T_2 的同时导通，使得电路中存在了从 V_{DD} 到地的瞬时通路，进而导致了动态功耗；CD 段，T_1 截止，T_2 导通。

3. 反相器的噪声容限

噪声容限定义：从图3.5(a)所示的CMOS反相器电压传输特性可得，当输入电压 V_I 偏离正常低电平而升高时，输出的高电平并不立刻改变。同样，当输入电压 V_I 偏离正常电压而降低时，输出的低电平也不会立刻改变。因此，在保证输出高、低电平基本不变的条件下，允许输入信号的高、低电平有一个波动范围。这个范围就叫输入端的噪声容限，噪声容限图如图3.6所示。

输入为高电平时的噪声容限：$V_{NH} = V_{OH(min)} - V_{IH(min)}$。

输入为低电平时的噪声容限：$V_{NL} = V_{IL(max)} - V_{OL(max)}$。

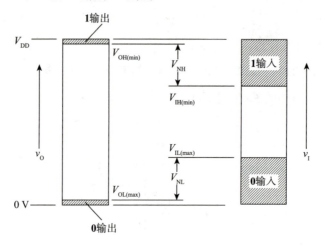

图3.6

4. 反相器的动态功耗

反相器从一种稳定状态突然变到另一种稳定状态的过程中，将产生附加的功耗，即动态功耗。

动态功耗包括负载电容充、放电所消耗的功率 P_C 和 PMOS、NMOS 同时导通所消耗的瞬时导通功耗 P_T。在工作频率较高的情况下，CMOS 反相器的动态功耗要比静态功耗大得多，故静态功耗可以忽略不计。

导通功耗 P_T：

$$P_T = C_{PD} f V_{DD}^2$$

负载电容充、放电功耗 P_C：

$$P_C = C_L f V_{DD}^2$$

总功耗为

$$P = P_T + P_C$$

对于一定扇出数的电路，电路的工作频率也是一定的，一般地，工作频率越高，扇出数越小。在低频 (<1 MHz) 工作条件下，CMOS 电路的扇出数可以达到 50 以上。因此，在实际应用中，需要根据具体需求，适当增大扇入以及减小扇出

5. 扇入和扇出系数

扇入：直接调用某模块的上级模块的个数。扇入大表示该模块的复用程度高。
扇出：某模块直接调用的下级模块的个数。扇出大表示该模块的逻辑复杂度高，需要控制和协调过多的下级模块。

三、其他常用逻辑门：或非门、与非门（见表 3.8）

表 3.8

种类	逻辑表达式	电路图	电路特点
或非门	$Y = (A+B)'$		(1) 输出电阻 R_o 受输入状态影响，即输出电阻不一样，最多能够相差四倍。 举个例子： 当 $A=1$、$B=1$ 时，$R_o = R_{on2} + R_{on4} = 2R_{on}$； 当 $A=0$、$B=0$ 时，$R_o = R_{on1} // R_{on3} = \frac{1}{2} R_{on}$； 当 $A=0$、$B=1$ 时，$R_o = R_{on1} = R_{on}$； 当 $A=1$、$B=0$ 时，$R_o = R_{on3} = R_{on}$
与非门	$Y = (AB)'$		(2) 输出的高、低电平受输入端数目的影响明显

输入端数目越多，串联的驱动管数目也越多，输出的 V_{OL} 越高，V_{OH} 也更高。当输入端全部为低电平时，输入端越多，负载管并联的数目越多，输出的高电平 V_{OH} 也越高，使 T_2、T_4 的 V_{GS} 达到开启电压时，对应的 V_i 也会不同

为了克服CMOS逻辑门电路的缺点,在实际生产的CMOS门电路中均采用带有缓冲级的结构,使得其输出端和输入端特性与反相器的特性相同。此时电路的电压传输特性不再受到输入端状态影响,电压传输转折区也变化得更快,带缓冲级的CMOS与非门电路如图3.7所示。

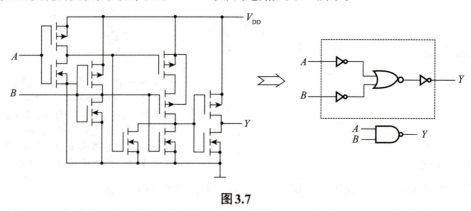

图 3.7

对于或非门,则采用与非门加缓冲器。

四、OD门

OD输出的与非门结构如图3.8所示。

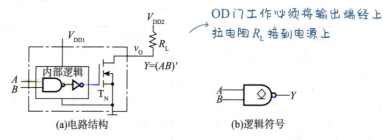

OD门工作必须将输出端经上拉电阻R_L接到电源上

(a)电路结构 (b)逻辑符号

图 3.8

实际应用中,可以将多个OD门的输出端直接相连,实现线与逻辑,即将输出并联使用,可以实现线与或用作电平转换和驱动。如图3.9所示,当Y_1、Y_2中有任何一个为低电平时,输出都为低电平,只有同时为高电平时,输出才为高电平。

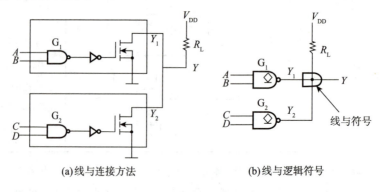

(a)线与连接方法 (b)线与逻辑符号

图 3.9

五、OD门上拉电阻最大、最小值计算

OD门外接上拉电阻的计算如图3.10所示。

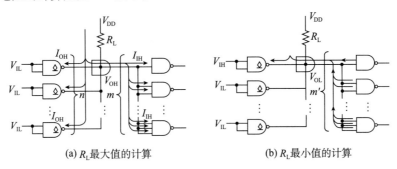

(a) R_L 最大值的计算　　　　　(b) R_L 最小值的计算

图3.10

从图3.10中可以看出，当线与输出端连接其他门电路作为负载时，所有OD门同时截止且输出为高电平，假设每个OD门输出管在截止时的漏电流为 I_{OH}，且负载门每个输入端的高电平输入电流为 I_{IH}。若要求输出高电平不低于 V_{OH}，则可得出

$$V_{DD} - (nI_{OH} + mI_{IH})R_L \geq V_{OH}$$

$$R_L \leq (V_{DD} - V_{OH}) / (nI_{OH} + mI_{IH}) = R_{L(max)}$$

当输出为低电平且并联的OD门中只有一个门的输出MOS管导通时，负载电流将全部流入该导通管。假设OD门允许的最大负载电流为 $I_{OL(max)}$，负载门每个输入端的低电平输入电流为 I_{IL}，此时的输出低电平为 V_{OL}，则应满足

$$(V_{DD} - V_{OL})/R_L + m'|I_{IL}| \leq I_{OL(max)}$$

$$R_L \geq (V_{DD} - V_{OL})/[I_{OL(max)} - m'|I_{IL}|] = R_{L(min)}$$

这里的 m' 表示负载门电路中低电平输入电流的数目。在负载为CMOS门电路的情况下，m 与 m' 相等。为了确保线与连接后的电路能够正常工作，应选择

$$R_{L(max)} \geq R_L \geq R_{L(min)}$$

六、CMOS传输门

利用P沟道MOS管和N沟道MOS管互补的特性，连接如图3.11所示电路。其中，T_1 是N沟道增强型MOS管，T_2 是P沟道增强型MOS管。T_1 与 T_2 的源极和漏极分别相连作为传输门的输入端和输出端。C 和 C' 是互补的控制信号。由于CMOS传输门的结构是对称的，因此输出端和输入端可以互换，是一个双向器件。

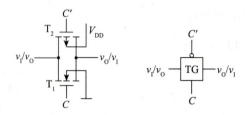

图 3.11

CMOS 传输门的应用

（1）传输门和反相器构成异或门电路如图 3.12 所示。

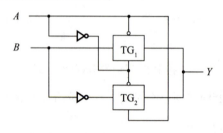

图 3.12

当 $A=1$、$B=0$ 时，TG_1 截止，TG_2 导通，$Y=B'=1$；

当 $A=0$、$B=1$ 时，TG_1 导通，TG_2 截止，$Y=B=1$；

当 $A=0$、$B=0$ 时，TG_1 导通，TG_2 截止，$Y=B=0$；

当 $A=1$、$B=1$ 时，TG_1 截止，TG_2 导通，$Y=B'=0$。

（2）模拟开关。

由传输门和一个反相器组成，传输连续变化的模拟电压信号，如图 3.13 所示。

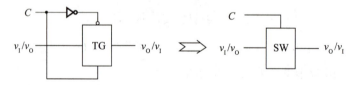

图 3.13

七、CMOS 三态门

三态门的输出除了高、低电平外，还有第三个状态——高阻态。高阻态是电路的一种输出状态，既不是高电平也不是低电平，是一种特殊的状态。三态门常用在 IC 的输出端，也称为输出缓冲器。

> 如果高阻态再输入下一级电路的话，对下级电路无任何影响，可以理解为断路，不被任何东西所驱动，也不驱动任何东西

3.4 TTL集成逻辑门电路

一、双极型三极管结构

一个独立的双极型三极管(见图3.14)包括管芯、三个引出电极(基极,发射极,集电极)、外壳。根据管芯的三层半导体不同可分成NPN和PNP两种类型。以NPN型为例,发射极正偏,即 $V_{BE} > V_{ON}$ (开启电压),集电极反偏,即 $V_{CB} > 0\,V$ 时,电流 i_B 产生,其大小由外电路的电压、电阻决定。

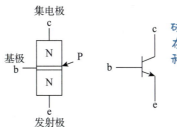

硅管为0.5~0.7 V,锗管为0.2~0.3 V。在实际做题中,一般分别取0.7 V 和 0.3 V

图3.14

当产生 i_B 时,三极管输出特性曲线如图3.15所示。

截止区:条件 $V_{BE} \leq V_{ON}$,$V_{CE} > V_{BE}$,$i_B = 0\,\mu A$,$i_C \approx 0\,mA$,c-e间"断开"。

放大区:条件 $V_{BE} > V_{ON}$,$V_{CE} \geq V_{BE}$,$i_B > 0\,\mu A$,i_C 随 i_B 成正比变化,$\Delta i_C = \beta \Delta i_B$。

饱和区:条件 $V_{BE} > V_{ON}$,$V_{CE} < V_{BE}$,$i_B > 0\,\mu A$,i_C 不再随 i_B 以 β 比例变化而趋于平缓,即饱和。

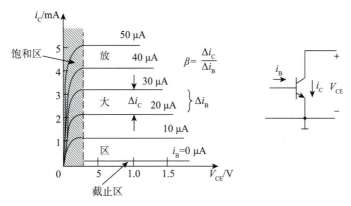

图3.15

二、三极管的基本开关电路

三极管基本开关电路如图3.16所示。

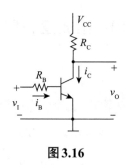

图 3.16

当 v_I 为低电平时,三极管工作在截止状态,输出高电平。

当 v_I 为高电平时,三极管工作在饱和状态,输出低电平。

1. 基极电流计算公式

基极电流公式 $I_B = \dfrac{I_C}{\beta}$。其中 I_B 是基极电流;I_C 是集电极电流;β 是晶体管的电流增益,也称为放大倍数或电流放大系数。在 NPN 或 PNP 晶体管中,基极电流 I_B 是控制晶体管开关状态的关键。当基极电流流动时,晶体管通过放大作用会引发更大的集电极电流 I_C。这个放大倍数由晶体管的电流增益 β 决定,通常 β 的值在几十到几百之间。公式中 $I_B = \dfrac{I_C}{\beta}$ 表示基极电流,其是集电极电流 I_C 和电流增益 β 的比值。换句话说,要使晶体管的集电极产生所需的电流 I_C,基极必须提供足够的电流 I_B。如果 β 值较大,只需很小的基极电流即可控制较大的集电极电流,反之亦然。因此,在设计和分析电路时,合理选择基极电流 I_B,以确保晶体管在合适的状态下工作是非常重要的。

2. 饱和基极电流

双极型三极管基本开关电路等效电路图及伏安特性曲线如图 3.17 所示。

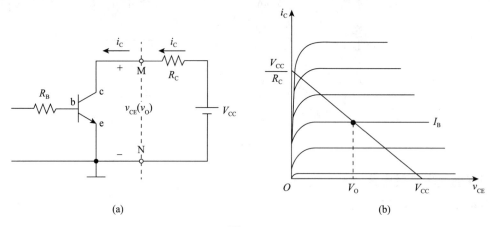

图 3.17

以 $V_{CE(sat)}$ 表示三极管深度饱和时的压降，以 $R_{CE(sat)}$ 表示深度饱和时的导通内阻，则深度饱和时三极管所需要的基极电流为

$$I_{BS} = \frac{V_{CC} - V_{CE(sat)}}{\beta(R_C + R_{CE(sat)})}$$

I_{BS} 称为饱和基极电流。为使三极管处于饱和工作状态，开关电路输出低电平，保证 $i_B \geq I_{BS}$。用于开关电路的三极管一般都具有很小的 $V_{CE(sat)}$（通常小于 0.1 V）和 $R_{CE(sat)}$（通常为几到几十欧姆）。在 $V_{CC} \gg V_{CE(sat)}$，$R_C \gg R_{CE(sat)}$ 的情况下，可将上式近似为

$$I_{BS} \approx \frac{V_{CC}}{\beta R_C}$$

3. TTL 反相器

TTL 反相器的经典电路如图 3.18 所示。

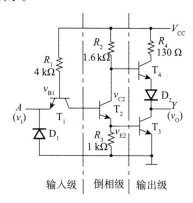

图 3.18

其电压传输特性如图 3.19 所示。

AB 段：截止区，$v_I < 0.6$ V，$v_{B1} < 1.3$ V，三极管 T_4 导通，T_2、T_3 截止，$V_{OH} = 3.4$ V；

BC 段：线性区，0.7 V $< v_I <$ 1.3 V，T_2 导通且工作在放大区，T_3 截止，线性成反比关系；

CD 段：转折区，$v_I = V_{TH} \approx 1.4$ V，$v_{B1} \geq 2.1$ V，T_2、T_3 同时导通，T_4 截止，v_O 迅速下降，$V_{OL} \approx 0$ V；

DE 段：饱和区，v_I 继续增大，而 v_O 不变，$v_O = v_{OL}$。

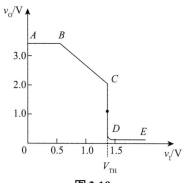

图 3.19

三、OC门上拉电阻最大、最小值计算

OC门外接电阻的计算方法和OD门外接电阻的计算方法基本相同。唯一不同的是在多个负载门输入端并联的情况下，低电平输入电流的数目不一定与输入端的数目相等，如图3.20所示。

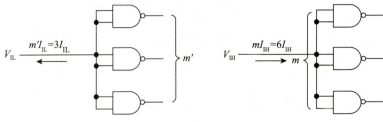

(a)与输入端并联时的总输入电流

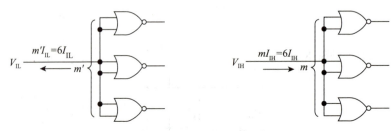

(b)或输入端并联时的总输入电流

图3.20

$$R_{L(max)} = \frac{V_{CC} - V_{OH}}{nI_{OH} + mI_{IH}}$$

$$R_{L(min)} = \frac{V_{CC} - V_{OL}}{I_{OL(max)} - m'|I_{IL}|}$$

斩题型

题型1 TTL 和 CMOS 电路对比分析

> **破题小记一笔**
>
> TTL和CMOS的对比是本章学习的重点。考试不一定会直接考查这类型题目，但在很多题目中一定会有所涉及并作为一个基础知识点进行考查。因此，这里总结了9点重要特性对比，供大家学习。

例1 TTL 和 CMOS 门电路的对比。

解析 ①CMOS由场效应管构成(单极性电路)，TTL由双极晶体管构成(双极性电路)。

②CMOS的逻辑电平范围比较大(5~15 V)，TTL只能在5 V以下工作。

这一点同学们需要额外注意，随着工艺发展，现代CMOS电流也可在5V以下工作，TTL也可支持其他电压。但做题时，按照总结的知识点即可。

③CMOS的高、低电平之间相差比较大、抗干扰性强，TTL的高、低电平之间相差小、抗干扰能力差。
④CMOS功耗很小，TTL功耗较大(1~5 mA/门)。
⑤一般情况下，CMOS工作频率比TTL略低。但随技术的发展，现代的高速CMOS电路已经能够在性能上达到与TTL相当，甚至更高的水平。
⑥CMOS的噪声容限比TTL的噪声容限大。
⑦TTL电路是电流控制器件，而CMOS电路是电压控制器件。
⑧对于TTL而言，多余引脚可以悬空，并且悬空时视为高电平；对于CMOS而言，多余引脚不可悬空。
⑨输入端引脚接地时，CMOS相当于低电平；TTL引脚经大电阻接地相当于高电平，经小电阻接地相当于低电平。

——一般考试时，高、低电阻以910 Ω为界限

⭐ 星峰点悟 💡

高低电平的问题：
(1) 电源电压5 V时，CMOS中，输入大于3.5 V算高电平，输入小于1.5 V算低电平；
(2) 电源电压2.5 V时，CMOS中，输入大于1.7 V算高电平，输入小于0.7 V算低电平；
(3) 电源电压5 V时，TTL中，输入大于2 V算高电平，输入小于0.8 V算低电平；
(4) 电源电压3.3 V时，TTL中，输入大于2 V算高电平，输入小于0.8 V算低电平。

题型2 OD和OC门上拉电阻计算

破题小记一笔

OC门和OD门上拉电阻的计算整体类似，只是在计算最小值时有些许差别。对于TTL与非门，低电平输入电流数目为负载门个数；对于TTL其他门以及CMOS门，低电平输入电流数目即为负载输入端个数。

例2 计算图3.21所示电路中上拉电阻 R_L 的阻值范围。其中 G_1、G_2、G_3 是74LS系列OC门，输出管截止时的漏电流 $I_{OH} \leq 100\ \mu A$，输出低电平 $V_{OL} \leq 0.4\ V$ 时允许的最大负载电流 $I_{OL(max)} = 8\ mA$。G_4、G_5、G_6 为74LS系列与非门，它们的输入电流为 $|I_{IL}| \leq 0.4\ mA$、$I_{IH} \leq 20\ \mu A$。给定 $V_{CC} = 5\ V$，要求OC门的输出高、低电平应满足 $V_{OH} \geq 3.2\ V$、$V_{OL} \leq 0.4\ V$。

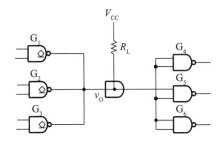

图 3.21

解析 根据题意，在拉电流的情况下，OC门输出均为高电平，可计算 R_L 的最大允许值为

$$R_{L(\max)} = \frac{V_{CC} - V_{OH}}{nI_{OH} + mI_{IH}} = \frac{5 - 3.2}{0.1 \times 3 + 0.02 \times 6} = 4.29\,(\text{k}\Omega)$$

在灌电流情况下，其中一个OC门输出低电平，可计算 R_L 的最小允许值为

$$R_{L(\min)} = \frac{V_{CC} - V_{OL}}{I_{OL(\max)} - m'|I_{IL}|} = \frac{5 - 0.4}{8 - 3 \times 0.4} = 0.68\,(\text{k}\Omega)$$

故 R_L 的取值范围应为 $0.68\,\text{k}\Omega \leqslant R_L \leqslant 4.29\,\text{k}\Omega$。

> **星峰点悟**
>
> 常见的 74HC 系列为 CMOS 门；74LS 系列为 TTL 门。

题型3 CMOS 电路

> **破题小记一笔**
>
> CMOS电路使用注意事项：
> (1) CMOS电路是电压控制器件，它的输入总抗很大，对干扰信号的捕捉能力很强。所以，不用的管脚不要悬空，要接上拉电阻或者下拉电阻，给它一个恒定的电平。
> (2) 输入端接低内阻的信号源时，要在输入端和信号源之间串联限流电阻，使输入的电流限制在 1 mA 之内。

例3 已知CMOS门电路的电源电压 $V_{DD} = 5\,\text{V}$，静态电源电流 $I_{DD} = 2\,\mu\text{A}$，输入信号为 200 kHz 的方波（上升时间和下降时间可忽略不计），负载电容 $C_L = 200\,\text{pF}$，功耗电容 $C_{pd} = 20\,\text{pF}$，试计算它的静态功耗、动态功耗、总功耗和电源平均电流。

解析 根据题意，代入前文公式，可得静态功耗为

$$P_S = I_{DD}V_{DD} = 5 \times 2 \times 10^{-6} = 0.01\,(\text{mW})$$

动态功耗为

$$P_D = (C_L + C_{pd}) \cdot f \cdot V_{DD}^2$$
$$= (200 + 20) \times 10^{-12} \times 2 \times 10^5 \times 5^2 = 1.10\,(\text{mW})$$

总功耗为

$$P_{TOT} = P_S + P_D = 1.11\,(\text{mW})$$

电源的平均电流为

$$\bar{I}_{DD} = P_{TOT}/V_{DD} = 0.22\,(\text{mA})$$

题型 4 ◁ TTL 电路

破题小记一笔
该类电路重点掌握三极管的三种工作状态以及饱和导通时的参数计算,结合基础的电流、电压关系和欧姆定律,简化电路模型即可。

例 4 图 3.22 所示为一个继电器线圈驱动电路。要求在 $v_I = V_{IH}$ 时三极管 T 截止,而 $v_I = 0$ 时三极管 T 饱和导通。已知 OC 门输出管截止时的漏电流 $I_{OH} \leq 100\,\mu\text{A}$,导通时允许流过的最大电流 $I_{OL(max)} = 10\,\text{mA}$,管压降小于 0.1 V,导通内阻小于 20 Ω。三极管 $\beta = 50$,饱和导通压降为 $V_{CE(sat)} = 0.1\,\text{V}$,饱和导通内阻为 $R_{CE(sat)} = 20\,\Omega$。继电器线圈内阻 240 Ω,电源电压 $V_{CC} = 12\,\text{V}$,$V_{EE} = -8\,\text{V}$,$R_2 = 3.2\,\text{k}\Omega$,$R_3 = 18\,\text{k}\Omega$,试求 R_1 的阻值范围。

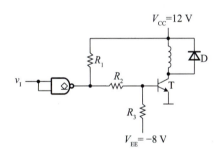

图 3.22

解析 ①根据题目条件,当输入电压 $v_I = 0$ 时,要求三极管 T 达到饱和导通状态,为了实现这一点,电阻 R_1 的阻值必须被限制在一定范围内,不能过大。通过电路分析,我们可以计算出在此条件下 R_1 的最大允许阻值。同时,从电路图中可以观察到,当三极管 T 处于饱和状态时,其基极电流应达到一个特定的饱和值,如图 3.23 所示,基极饱和电流计算如下。

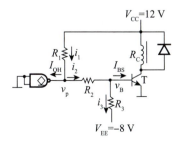

图 3.23

$$I_{BS} = \frac{V_{CC} - V_{CE(sat)}}{\beta(R_C + R_{CE(sat)})} = \frac{12 - 0.1}{50 \times 260} = 0.92 \,(\text{mA})$$

流过 R_3 的电流为

$$i_3 = \frac{v_B - V_{EE}}{R_3} = \frac{0.7 + 8}{18} = 0.48 \,(\text{mA})$$

流过 R_2 的电流为 I_{BS} 与 i_3 之和,即

$$i_2 = I_{BS} + i_3 = 0.92 + 0.48 = 1.4 \,(\text{mA})$$

由此可计算出 OC 门输出端的电位 v_p 为

$$v_p = i_2 R_2 + v_B = 1.4 \times 3.2 + 0.7 = 5.2 \,(\text{V})$$

因为流过 R_1 的电流等于 i_2 与 OC 门高电平输出电流 I_{OH} 之和,故得到

$$R_{1(\max)} = \frac{V_{CC} - v_p}{i_2 + I_{OH}} = \frac{12 - 5.2}{1.4 + 0.1} = 4.5 \,(\text{k}\Omega)$$

②根据 $v_I = V_{IH}$ 时三极管 T 应截止的要求,可以计算出 R_1 的最小允许值。由图 3.24 可知,这时 OC 门输出为低电平,$v_p = 0.1 \,\text{V}$。因为流过 OC 门的最大负载电流不能超过 $I_{OL(\max)}$,所以 R_1 的阻值不能太小。由此可以求出 R_1 的最小允许值。这时流过 R_1 的电流除了 OC 门的导通电流外,还有流过 R_2 和 R_3 的电流 i_2。

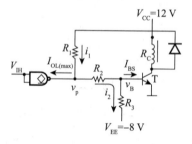

图 3.24

由图可知

$$i_2 = \frac{v_p - V_{EE}}{R_2 + R_3} = \frac{0.1 + 8}{3.2 + 18} = 0.38 \,(\text{mA})$$

故得到

$$R_{1(\min)} = \frac{V_{CC} - v_p}{I_{OL(\max)} + i_2} = \frac{12 - 0.1}{10 + 0.38} = 1.1 \,(\text{k}\Omega)$$

所以应取 $1.1 \,\text{k}\Omega \leq R_1 \leq 4.5 \,\text{k}\Omega$。

解习题

1. 在如图 3.25 所示的正逻辑与门和正逻辑或门电路中,若改用负逻辑,试列出它们的逻辑真值表,并说明 Y 和 A、B 之间是什么逻辑关系。

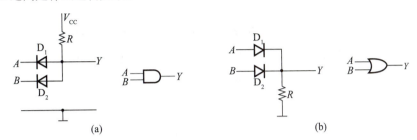

图 3.25

解析 对于与门,在正逻辑下需要所有输入和输出变量取反即可得到负逻辑真值表,如表 3.9 所示。改用负逻辑后,Y 与 A、B 之间是或的逻辑关系,即 $Y = A + B$。

同理,对于或门,在正逻辑下需要所有输入和输出变量取反即可得到负逻辑真值表,如表 3.10 所示。改用负逻辑后,Y 和 A、B 之间是与的逻辑关系,即 $Y = A \cdot B$。

表 3.9

A	B	Y
1	1	1
1	0	1
0	1	1
0	0	0

表 3.10

A	B	Y
1	1	1
1	0	0
0	1	0
0	0	0

2. 略。

3. 试说明能否将与非门、或非门、异或门当作反相器使用?如果可以,各输入端应如何连接?

解析 可以当成反相器使用。按照如图 3.26 所示连接即可。

图 3.26

4、5. 略。

6. 若CMOS门电路工作在5 V电源电压下的静态电源电流为5 μA，在负载电容C_L为100 pF、输入信号频率为500 kHz时，总功耗为1.56 mW，试计算该门电路的功耗电容的数值。

解析 根据题意，首先计算动态功耗

$$P_D = P_{TOT} - P_S$$
$$= 1.56 - 5 \times 5 \times 10^{-3} = 1.54 \text{ (mW)}$$

又根据公式 $P_D = (C_L + C_{pd})fV_{DD}^2$ 得到

$$C_{pd} = \frac{P_D}{fV_{DD}^2} - C_L$$
$$= \frac{1.54 \times 10^{-3}}{5 \times 10^5 \times 5^2} - 100 \times 10^{-12} = 23 \text{ (pF)}$$

7. 试分析图3.27中各电路的逻辑功能，并写出输出的逻辑函数式。

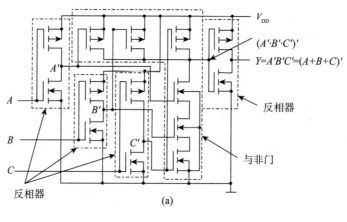

(a)

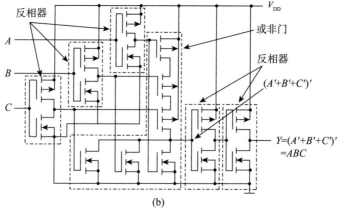

(b)

图 3.27

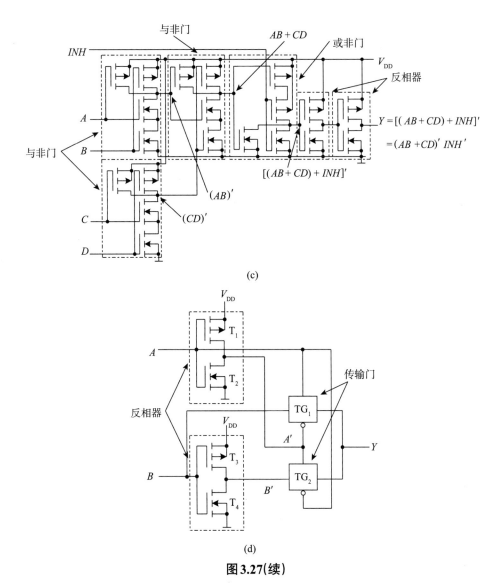

图 3.27(续)

解析 ①如图 3.27(a)所示,该电路由一个三输入与非门和四个反相器构成。从左(输入端)至右(输出端)依次逐级写出表达式,可得到 $Y = A'B'C' = (A+B+C)'$。

②如图 3.27(b)所示,该电路由一个或非门和五个反相器构成。从左(输入端)至右(输出端)依次逐级写出表达式,可得到 $Y = (A'+B'+C')' = ABC$。

③如图 3.27(c)所示,该电路由一个或非门、三个与非门、两个反相器构成。从左(输入端)至右(输出端)依次逐级写出表达式,可得到 $Y = [(AB+CD)+INH]' = (AB+CD)'INH'$。

④如图 3.27(d)所示,该电路由两个反相器、两个传输门构成。从电路图列出表示 Y 与 A、B 关系的真值表,如表 3.11 所示。由真值表写出逻辑式为 $Y = A'B' + AB = A \odot B$。

表 3.11

A	B	Y
0	0	1
0	1	0
1	0	0
1	1	1

8. 试画出如图 3.28(a)、(b) 所示的两个电路的输出电压波形。输入电压波形如图 3.28(c) 所示。

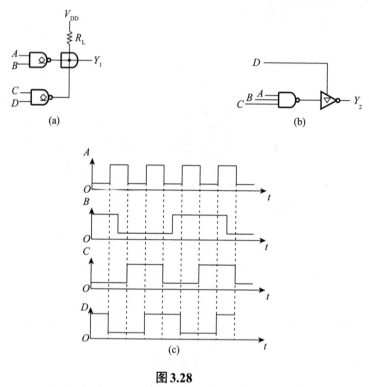

图 3.28

解析 由

$$Y_1 = (AB)'(CD)' = (AB + CD)'$$

$$Y_2 = \begin{cases} ABC & (D = 1) \\ \text{高组态} & (D = 0) \end{cases}$$

可得 Y_1、Y_2 的电压波形如图 3.29 所示。

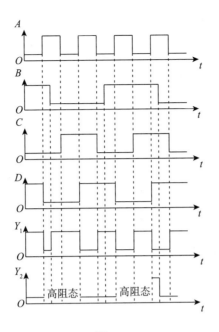

图 3.29

9. 在图 3.30 所示电路中,G_1 和 G_2 是两个 OD 输出结构的与非门 74HC03。74HC03 输出端 MOS 管截止时的漏电流为 $I_{OH(max)}=5\ \mu A$;导通时允许的最大负载电流为 $I_{OL(max)}=5.2\ mA$,这时对应的输出电压 $V_{OL(max)}=0.33\ V$。负载门 $G_3 \sim G_5$ 是 3 输入端或非门 74HC27,每个输入端的高电平输入电流最大值为 $I_{IH(max)}=1\ \mu A$,低电平输入电流最大值为 $I_{IL(max)}=-1\ \mu A$。试求在 $V_{DD}=5\ V$ 并且满足 $V_{OH} \geq 4.4\ V$、$V_{OL} \leq 0.33\ V$ 的情况下,R_L 取值的允许范围。

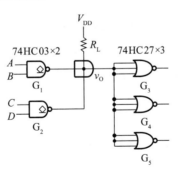

图 3.30

解析 根据电路图可知,负载为 CMOS 电路。因此负载门低电平输入电流个数和高电平输入电流个数相同,在拉电流下,OD 门输出高电平,所以可得

$$R_{L(max)}=\frac{V_{DD}-V_{OH}}{nI_{OH}+mI_{IH}}=\frac{5-4.4}{2\times 5\times 10^{-6}+9\times 1\times 10^{-6}}=31.6\ (k\Omega)$$

同时在灌电流下,其中一个OD门输出低电平,所以可得

$$R_{L(min)} = \frac{V_{DD} - V_{OL}}{I_{OL(max)} - m'|I_{IL}|} = \frac{5 - 0.33}{5.2 \times 10^{-3} - 9 \times 10^{-6}} = 0.9 \text{ (k}\Omega)$$

故 R_L 的取值范围应为

$$0.9 \text{ k}\Omega \leq R_L \leq 31.6 \text{ k}\Omega$$

10. 图3.31中的 $G_1 \sim G_4$ 是OD输出结构的与非门74HC03,它们接成线与结构。试写出线与输出 Y 与输入 A_1、A_2、B_1、B_2、C_1、C_2、D_1、D_2 之间的逻辑关系式,并计算外接电阻 R_L 取值的允许范围。已知 $V_{DD} = 5$ V,74HC03输出高电平时漏电流的最大值为 $I_{OH(max)} = 5$ μA,低电平输出电流最大值为 $I_{OL(max)} = 5.2$ mA,此时的输出低电平为 $V_{OL(max)} = 0.33$ V。负载门每个输入端的高、低电平输入电流最大值为 ±1 μA。要求满足 $V_{OH} \geq 4.4$ V,$V_{OL} \leq 0.33$ V。

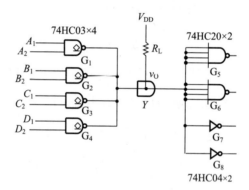

图3.31

解析 根据电路图可知,输入和输出逻辑函数表达式应为

$$Y = (A_1A_2)'(B_1B_2)'(C_1C_2)'(D_1D_2)' = (A_1A_2 + B_1B_2 + C_1C_2 + D_1D_2)'$$

根据电路图可知,负载为CMOS电路。因此负载门低电平输入电流个数和高电平输入电流个数相同,在拉电流情况下,求出 R_L 的最大允许值

$$R_{L(max)} = \frac{V_{DD} - V_{OH}}{nI_{OH} + mI_{IH}} = \frac{5 - 4.4}{4 \times 5 \times 10^{-6} + 10 \times 10^{-6}} = 20 \text{ (k}\Omega)$$

在灌电流情况下,求出 R_L 的最小允许值

$$R_{L(min)} = \frac{V_{DD} - V_{OL}}{I_{OL(max)} - m'|I_{IL}|} = \frac{5 - 0.33}{5.2 \times 10^{-3} - 10 \times 10^{-6}} = 0.9 \text{ (k}\Omega)$$

故 R_L 的取值范围应为

$$0.9 \text{ k}\Omega \leq R_L \leq 20 \text{ k}\Omega$$

11. 指出图 3.32 中各门电路的输出是什么状态(高电平、低电平或高阻态)。已知这些门电路都是 74 系列 TTL 电路。

对于 TTL 门, 大家需要谨记:
(1) 输入端可以悬空;
(2) 输入端悬空, 等价于高电平;
(3) 输入端经大电阻接地, 等价于高电平;
(4) 输入端经小电阻接地, 等价于低电平

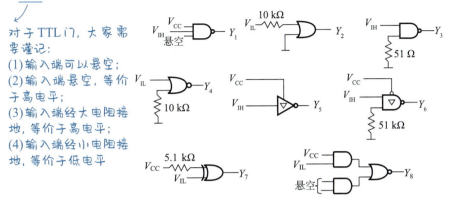

图 3.32

解析 Y_1 为低电平;Y_2 为高电平;Y_3 为高电平;Y_4 为低电平;Y_5 为低电平;Y_6 为高阻态;Y_7 为高电平;Y_8 为低电平。

12. 说明图 3.33 中各门电路的输出是高电平还是低电平。已知它们都是 74HC 系列的 CMOS 电路。

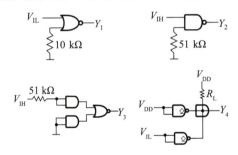

图 3.33

解析 Y_1 为高电平;Y_2 为高电平;Y_3 为低电平;Y_4 为低电平。

对于 CMOS 门,输入端接地相当于低电平;
对于 TTL 门,输入端经大电阻接地视为高电平,经小电阻接地视为低电平

13. 试说明在下列情况下,用万用电表测量图 3.34 中的 v_{I2} 端得到的电压各为多少:

(1) v_{I1} 悬空;

(2) v_{I1} 接低电平(0.2 V);

(3) v_{I1} 接高电平(3.2 V);

(4) v_{I1} 经 51 Ω 电阻接地;

(5) v_{I1} 经 10 kΩ 电阻接地。

图 3.34

图中的与非门为 74 系列的 TTL 电路,万用电表使用 5 V 量程,内阻为 20 kΩ/V。

↘ TTL 与非门输入端有电压钳制效应,同学们解答的时候要注意这一点

↗ 大电阻

解析 v_{I2} 端经过一个 100 kΩ 的电阻接地。假定与非门输入端多发射极三极管每个发射结的导通压降均为 0.7 V,则有(1) $v_{I2} \approx 1.4$ V;(2) $v_{I2} \approx 0.2$ V;(3) $v_{I2} \approx 1.4$ V;(4) $v_{I2} \approx 0$ V;(5) $v_{I2} \approx 1.4$ V。

14. 若将上题中的与非门改为 74 系列 TTL 或非门,试问在上列五种情况下测得的 v_{I2} 各为多少?

解析 TTL 或非门的输入设计独特,其每个输入端直接连接至独立三极管的发射极,这种布局确保了各输入端的电信号互不串扰,从而维持了中间节点 v_{I2} 的稳定电压,该电压始终保持在约 1.4 V 的水平。这种设计特性允许 TTL 或非门在处理多个输入信号时,保持内部逻辑的清晰与独立性。

15. 若将图 3.34 中的门电路改为 CMOS 与非门,试说明当 v_{I1} 为 13 题给出的五种状态时,测得的 v_{I2} 各等于多少?

解析 CMOS 与非门的输入端各自拥有独立的输入缓冲器(通常为反相器),确保了各输入端电平间无相互影响。因此,当 v_{I2} 端通过电压表内阻接地时,由于输入缓冲器的隔离作用及电压表的高阻抗特性,v_{I2} 点的电压几乎不受外接电阻影响,保持接近于地电位,即 $v_{I2} \approx 0$ V。这种设计保证了 CMOS 逻辑门在复杂电路中的稳定性和可靠性。

16. 在图 3.35 所示由 74 系列 TTL 与非门组成的电路中,计算门 G_M 能驱动多少同样的与非门。要求 G_M 输出的高、低电平满足 $V_{OH} \geq 3.2$ V,$V_{OL} \leq 0.4$ V。与非门的输入电流为 $I_{IL} \leq -1.6$ mA,$I_{IH} \leq 40$ μA。$V_{OL} \leq 0.4$ V 时输出电流最大值为 $I_{OL(max)} = 16$ mA,$V_{OH} \geq 3.2$ V 时输出电流最大值为 $I_{OH(max)} = -0.4$ mA。G_M 的输出电阻可忽略不计。

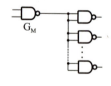

图 3.35

解析 在 G_M 输出低电平下,可驱动的负载门数目为

$$N_1 = \frac{I_{OL(max)}}{|I_{IL(max)}|} = \frac{16}{1.6} = 10$$

在 G_M 输出高电平下,可驱动的负载门数目为

$$N_2 = \frac{|I_{OH(max)}|}{pI_{IH(max)}} = \frac{0.4}{2 \times 0.04} = 5$$

因此 G_M 最多只能驱动5个同样的与非门。

17. 在图 3.36 所示由 74 系列或非门组成的电路中,试求门 G_M 能驱动多少同样的或非门。要求 G_M 输出的高、低电平满足 $V_{OH} \geq 3.2$ V,$V_{OL} \leq 0.4$ V。或非门每个输入端的输入电流为 $I_{IL} = -1.6$ mA,$I_{IH} \leq 40$ μA。$V_{OL} \leq 0.4$ V 时输出电流的最大值为 $I_{OL(max)} = 16$ mA,$V_{OH} \geq 3.2$ V 时输出电流的最大值为 $I_{OH(max)} = -0.4$ mA。G_M 的输出电阻可忽略不计。

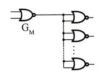

图 3.36

解析 在 G_M 输出低电平下,驱动同样负载门的数目为

$$N_1 = \frac{I_{OL(max)}}{|2I_{IL(max)}|} = \frac{16}{2 \times 1.6} = 5$$

在 G_M 输出高电平下,驱动的负载门数目为

$$N_2 = \frac{|I_{OH(max)}|}{2I_{IH(max)}} = \frac{0.4}{2 \times 0.04} = 5$$

故 G_M 能驱动5个同样的或非门。

18. 在图 3.37 所示电路中 R_1、R_2 和 C 构成输入滤波电路。当开关 S 闭合时,要求门电路的输入电压 $V_{IL} \leq 0.4$ V;当开关 S 断开时,要求门电路的输入电压 $V_{IH} \geq 4$ V,试求 R_1 和 R_2 的最大允许阻值。$G_1 \sim G_5$ 为 74LS 系列 TTL 反相器,它们的高电平输入电流 $I_{IH} \leq 20$ μA,低电平输入电流 $|I_{IL}| \leq 0.4$ mA。

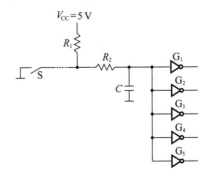

图 3.37

解析 由题意可得,当S闭合时,R_1被短路,五个反相器的低电平输入电流全部都流入R_2,使反相器的输入低电平等于$5I_{IL}R_2$。当V_{IL}为最大值0.4 V时,可求得R_2的最大允许值为

$$R_{2(\max)} = \frac{V_{IL(\max)}}{5I_{IL(\max)}} = \frac{0.4}{5 \times 0.4} = 0.2 \text{ (k}\Omega\text{)}$$

S断开时所有反相器的高电平输入电流同时流经R_1和R_2,使反相器的输入高电平等于$V_{CC}-5I_{IH}(R_1+R_2)$。当V_{IH}为最小值4 V时,可求得R_1+R_2的最大允许值为

$$(R_1+R_2)_{\max} = \frac{V_{CC}-V_{IH(\min)}}{5I_{IH(\max)}} = \frac{5-4}{5 \times 0.02} = 10 \text{ (k}\Omega\text{)}$$

因此得到R_1的最大允许值为

$$R_{1(\max)} = (R_1+R_2)_{\max} - R_{2(\max)} = 10 - 0.2 = 9.8 \text{ (k}\Omega\text{)}$$

19. 试绘出图3.38所示电路的高电平输出特性和低电平输出特性。已知$V_{CC}=5\text{ V}$,$R_L=1\text{ k}\Omega$。OC门截止时输出管的漏电流$I_{OH}=200\text{ μA}$。$V_I=V_{IH}$时OC门输出管饱和导通,其饱和压降为$V_{CE(sat)}=0.1\text{ V}$,饱和导通内阻为$R_{CE(sat)}=20\text{ Ω}$。

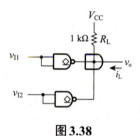

图3.38

解析 由题意可得,当输出为高电平v_{OH}时,v_{OH}与负载电流i_L的关系可写成

$$v_{OH} = V_{CC} - (2I_{OH}+|i_L|)R_L \qquad ①$$

当$i_L=0$时,由式①得到$v_{OH}=4.6\text{ V}$。

输出为低电平v_{OL},而且只有一个OC门导通时,v_{OL}与i_L的关系可写成

$$v_{OL} = \left(\frac{V_{CC}-v_{OL}}{R_L}+i_L\right)R_{CE(sat)} + V_{CE(sat)} \qquad ②$$

当$i_L=0$时,由式②得到$v_{OL}=0.196\text{ V}$。

所以,输出特性如图3.39所示。

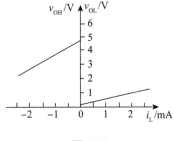

图 3.39

20. 略。

21. 在图 3.40 所示电路中,已知 G_1 和 G_2 为 74LS 系列 OC 输出结构的与非门,输出管截止时的漏电流最大值为 $I_{OH(max)} = 100\ \mu A$,低电平输出电流最大值为 $I_{OL(max)} = 8\ mA$,这时输出的低电平为 $V_{OL(max)} = 0.4\ V$。$G_3 \sim G_5$ 是 74LS 系列的或非门,其高电平输入电流最大值为 $I_{IH(max)} = 20\ \mu A$,低电平输入电流最大值为 $I_{IL(max)} = -0.4\ mA$。给定 $V_{CC} = 5\ V$,要求满足 $V_{OH} \geq 3.4\ V$、$V_{OL} \leq 0.4\ V$,试求 R_L 取值的允许范围。

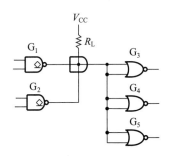

图 3.40

解析 根据题意,在拉电流的情况下,OC 门输出均为高电平,可计算 R_L 的最大允许值为

$$R_{L(max)} = \frac{V_{CC} - V_{OH}}{n I_{OH} + m I_{IH}} = \frac{5 - 3.4}{0.1 \times 2 \times 10^{-3} + 0.02 \times 6 \times 10^{-3}} = 5\ (\text{k}\Omega)$$

由图和题干可知,负载门为或非门。因此,应代入输入端个数而非负载门个数。所以,在灌电流情况下,其中一个 OC 门输出低电平,R_L 的最小允许值为

$$R_{L(min)} = \frac{V_{CC} - V_{OL}}{I_{OL(max)} - m'|I_{IL}|} = \frac{5 - 0.4}{8 \times 10^{-3} - 0.4 \times 6 \times 10^{-3}} = 0.82\ (\text{k}\Omega)$$

故 R_L 的取值范围应为 $0.82\ \text{k}\Omega \leq R_L \leq 5\ \text{k}\Omega$。

22. 略。

23. 在图 3.41(a) 所示电路中已知三极管导通时 $V_{BE} = 0.7\ V$,饱和压降 $V_{CE(sat)} = 0.3\ V$,饱和导通内阻为 $R_{CE(sat)} = 20\ \Omega$,三极管的电流放大系数 $\beta = 100$。OC 门 G_1 输出管截止时的漏电流约为 $50\ \mu A$,导通时

允许的最大负载电流为 16 mA，输出低电平小于等于 0.3 V。$G_2 \sim G_5$ 均为 74 系列 TTL 电路，其中 G_2 为反相器，G_3 和 G_4 是与非门，G_5 是或非门，它们的输入特性如图 3.41(b) 所示。试问：

(1) 在三极管集电极输出的高、低电压满足 $V_{OH} \geq 3.5$ V、$V_{OL} \leq 0.3$ V 的条件下，R_B 的取值范围有多大？

(2) 若将 OC 门改成推拉式输出的 TTL 门电路，会发生什么问题？

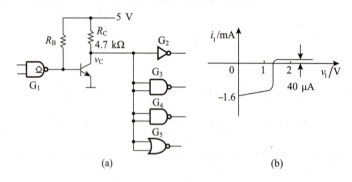

图 3.41

解析 (1) 首先，根据三极管饱和导通时的要求可求得 R_B 的最大值。三极管的临界饱和基极电流应为

$$I_{BS} = \frac{1}{\beta}\left(\frac{V_{CC} - V_{CE(sat)}}{R_C + R_{CE(sat)}} + 5I_{IL}\right)$$

$$= \frac{1}{100}\left(\frac{5 - 0.3}{4.7 \times 10^3} + 5 \times 1.6 \times 10^{-3}\right) = 0.09 \text{ (mA)}$$

所以我们可得到

$$\frac{V_{CC} - V_{BE}}{R_B} = 0.09 + 0.05 = 0.14 \text{ (mA)}$$

$$R_B = \frac{V_{CC} - V_{BE}}{0.14 \times 10^{-3}} = \frac{4.3}{0.14 \times 10^{-3}} = 30.7 \text{ (k}\Omega\text{)}$$

又根据 OC 门导通时允许的最大负载电流为 16 mA，R_B 的最小值为

$$R_B = \frac{V_{CC} - V_{OL}}{16 \times 10^{-3}} = \frac{4.7}{16 \times 10^{-3}} = 0.29 \text{ (k}\Omega\text{)}$$

故应取 $0.29 \text{ k}\Omega \leq R_B \leq 30.7 \text{ k}\Omega$。

(2) 若将开漏输出 OC 门替换为推拉式输出的 TTL 门电路，需注意 TTL 门电路在高电平时输出低内阻，同时其内部三极管发射结导通时亦呈低阻态。此情况下，若直接连接不当，可能因电流过大而导致 TTL 门电路及其内部三极管过载损坏。

24. 图 3.42 所示是用 TTL 电路驱动 CMOS 电路的实例，试计算上拉电阻 R_L 的取值范围。TTL 与非门在 $V_{OL} \leq 0.3$ V 时的最大输出电流为 8 mA，输出端的 T_5 管截止时有 50 μA 的漏电流。CMOS 或非门的

↘ T_5 管为 TTL 与非门内部电路输出端三极管

高电平输入电流最大值和低电平输入电流最大值均为 $1\,\mu A$。要求加到CMOS或非门输入端的电压满足 $V_{IH} \geq 4\,V$，$V_{IL} \leq 0.3\,V$。给定电源电压 $V_{DD} = 5\,V$。

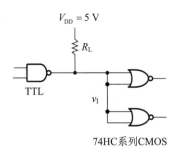

图 3.42

解析 ①由题干和图3.42可知，当输入为高电平（$\geq 4\,V$）时，可求得 R_L 的最大允许值

$$R_{L(max)} = \frac{V_{CC} - V_{IH}}{I_{OH} + 4I_{IH}} = \frac{5-4}{0.05 \times 10^{-3} + 0.001 \times 4 \times 10^{-3}} = 18.5\,(k\Omega)$$

②当输入为低电平（$\leq 0.3\,V$）时，可求得 R_L 的最小允许值

$$R_{L(min)} = \frac{V_{CC} - V_{IL}}{I_{OL(max)} - 4I_{IL}} = \frac{5 - 0.3}{8 \times 10^{-3}} = 0.59\,(k\Omega)$$

故 R_L 的取值范围应为 $0.59\,k\Omega \leq R_L \leq 18.5\,k\Omega$。

25. 略。

26. 计算图3.43所示电路中接口电路输出端 v_C 的高、低电平，并说明接口电路参数的选择是否合理。三极管的电流放大系数 $\beta = 40$，饱和导通压降 $V_{CE(sat)} = 0.1\,V$，饱和导通内阻 $R_{CE(sat)} = 20\,\Omega$。CMOS或非门的电源电压 $V_{DD} = 5\,V$，空载输出的高、低电平分别为 $V_{OH} = 4.95\,V$、$V_{OL} = 0.05\,V$，门电路的输出电阻小于 $200\,\Omega$，高电平输出电流的最大值和低电平输出电流的最大值均为 $4\,mA$。TTL或非门的高电平输入电流 $I_{IH} = 40\,\mu A$，低电平输入电流 $I_{IL} = -1.6\,mA$。

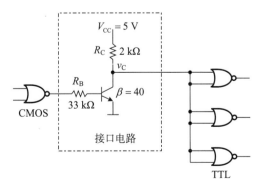

图 3.43

解析 ①由三极管特性可知，CMOS门电路输出为低电平时三极管截止，v_C的高电平为

$$V_{CH} = V_{CC} - 6I_{IH}R_C = 5 - 6 \times 40 \times 10^{-6} \times 2 \times 10^3 = 4.5 \text{ (V)}$$

所以接口电路输出的高电平可以满足负载电路对输入高电平大于2 V的要求。

②由三极管特性可知，CMOS门电路输出为高电平时应能使三极管饱和导通，方能满足对接口电路输出低电平的要求。由题图可知，这时三极管的基极电流为

$$I_B = \frac{V_{OH} - V_{BE}}{R_B + R_O} = \frac{4.95 - 0.7}{33 \times 10^3 + 0.2 \times 10^3} = 0.128 \text{ (mA)}$$

式中的 R_O 为CMOS门电路的输出电阻。

而三极管的饱和基极电流为

$$I_{BS} = \frac{1}{\beta}\left(\frac{V_{CC} - V_{CE(sat)}}{R_C + R_{CE(sat)}} + 6|I_{IL}|\right)$$

$$= \frac{1}{40}\left(\frac{5 - 0.1}{2 \times 10^3 + 0.02 \times 10^3} + 6 \times 1.6 \times 10^3\right) = 0.3 \text{ (mA)}$$

可见，三极管处于不饱和导通状态，电路参数的选择不合理。

27. 略。

第四章　组合逻辑电路

本章深入剖析了组合逻辑电路的核心特性，详尽阐述了其分析、设计的系统化方法，并广泛介绍了多种常见的组合逻辑电路实例。作为数字电子技术的基础与电路设计的启蒙篇章，本章内容不仅是考试的重点，更是构建复杂数字系统设计的基石。学习者在掌握典型组合逻辑电路的同时，更应聚焦于电路设计理念的领悟与应用技巧的培养，为进阶学习奠定坚实基础。尤为值得一提的是，本章特别强调了减法器等常见组合逻辑电路设计的详尽解析与原理阐述，有效弥补了传统教材中该领域的不足，为学习者提供了更全面、深入的知识体系。

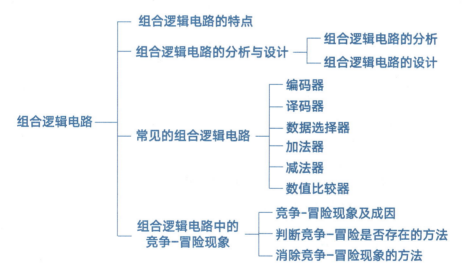

4.1 概述

↗ 由门电路构成的逻辑电路，没有存储单元

数电中，数字逻辑电路有两种类型：组合逻辑电路和时序逻辑电路。<u>组合逻辑电路</u>是数字电路中最简单的一类逻辑电路，其特点是功能上无记忆、结构上无反馈，即电路任一时刻的输出状态只取决于该时刻各输入状态的组合，而与电路的原状态无关。

4.2 组合逻辑电路的分析和设计

一、组合逻辑电路的分析(见图4.1)

组合逻辑电路的分析流程可精炼为如下所示。

(1)写出逻辑表达式：根据电路图直接写出对应的逻辑表达式。
(2)化简表达式：通过逻辑代数法或卡诺图等方法，将逻辑表达式化简至最简形式。
(3)生成真值表：将最简逻辑表达式转换为真值表形式，列出所有可能的输入组合及对应输出。
(4)确定逻辑功能：根据真值表的内容，明确电路所实现的逻辑功能。

图4.1

二、组合逻辑电路的设计

组合逻辑电路的设计步骤大致如下。

(1)逻辑抽象：首先明确实际需求，将其转化为逻辑功能描述，确定所需的输入与输出变量数量，并设定相应的表示符号。
(2)真值表构建：基于电路的逻辑功能要求，详细列出所有可能的输入组合及其对应的输出状态，形成真值表。
(3)逻辑表达式推导：根据构建的真值表，通过逻辑代数等方法，推导出实现所需逻辑功能的逻辑表达式。
(4)表达式优化与逻辑图绘制：对推导出的逻辑表达式进行简化和变换，以求得最简形式，随后根据最简表达式绘制出对应的逻辑电路图。

> 这一步在化简过程中，还需要注意题目是否指定元器件。若指定元器件，则需化简成指定形式。可以参考第二章逻辑函数化简的相关内容

在具体设计中，有时并不是严格按照以上顺序进行的，要根据不同情形选择性确定。但总的来说，都是按照"逻辑抽象→表达式→化简→画图"的步骤进行的。

4.3 常见的组合逻辑电路

一、编码器

编码器指的是将输入的每一个高、低电平信号编成一个对应的二进制代码的器件，如图4.2所示。

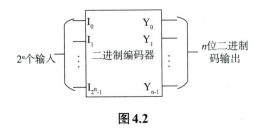

图 4.2

常用的编码器分为普通编码器和优先编码器。

(1) 普通编码器中,在任何时刻只允许输入一个编码信号,否则会发生混乱。

(2) 优先编码器中,允许同时输入两个及两个以上的有效编码信号,不过仅对优先权最高的一个进行编码。

> 在设计优先编码器时,已经将所有的输入信号按优先顺序排了序,当几个输入信号同时出现时,会只对优先权最高的一个信号先进行编码

1. 普通编码器

以 4 线 - 2 线编码器为例分析普通编码器的工作原理,其真值表如表 4.1 所示。

表 4.1

输入				输出	
I_0	I_1	I_2	I_3	Y_1	Y_0
1	0	0	0	0	0
0	1	0	0	0	1
0	0	1	0	1	0
0	0	0	1	1	1

4 个输入 $I_0 \sim I_3$ 为高电平有效,输出是 2 位二进制代码 Y_1Y_0,任何时刻 $I_0 \sim I_3$ 当中只能有一个取值为 1。除表中列出的 4 个输入变量的 4 种有效取值组合外,其余 12 种组合所对应的输出均应为 0,可将其视为无关项。4 线 - 2 线编码器的逻辑表达式(考虑无关项)为

$$\begin{cases} Y_1 = I_2 + I_3 \\ Y_0 = I_1 + I_3 \end{cases}$$

4 线 - 2 线编码器的逻辑电路图如图 4.3 所示。

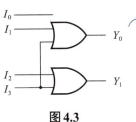

图 4.3

> 应当特别注意,这一电路实现正常编码时,对输入信号有严格的限制,即任何时刻 $I_0 \sim I_3$ 中只能并且必须有一个取值为 1。例如,当出现所有输入信号同时为 1 时,输出出现错误编码 $Y_1Y_0 = 11$。而在正常编码时,仅当输入端 I_3 为高电平时,输出为 11

2. 优先编码器

优先编码器允许两个及两个以上的输入同时为 1,但只对优先级别比较高的输入进行编码。8 线 - 3 线

优先编码器 74HC148/74LS148 的真值表如表4.2所示。

> 除了正常的输入输出引脚外，还需要注意 Y_S' 和 Y_{EX}' 引脚在芯片工作时的状态，如表中所示。往往在芯片扩展或输出端不足以表示所需状态时，会利用这两个引脚的组合额外表示

表4.2

	输入								输出				
S'	I_0'	I_1'	I_2'	I_3'	I_4'	I_5'	I_6'	I_7'	Y_2'	Y_1'	Y_0'	Y_S'	Y_{EX}'
1	×	×	×	×	×	×	×	×	1	1	1	1	1
0	1	1	1	1	1	1	1	1	1	1	1	0	1
0	×	×	×	×	×	×	×	0	0	0	0	1	0
0	×	×	×	×	×	×	0	1	0	0	1	1	0
0	×	×	×	×	×	0	1	1	0	1	0	1	0
0	×	×	×	×	0	1	1	1	0	1	1	1	0
0	×	×	×	0	1	1	1	1	1	0	0	1	0
0	×	×	0	1	1	1	1	1	1	0	1	1	0
0	×	0	1	1	1	1	1	1	1	1	0	1	0
0	0	1	1	1	1	1	1	1	1	1	1	1	0

二、译码器

> 译码器属于高频考点。基本所有逻辑电路的设计都可以用译码器进行，也是典型的函数发生器之一

译码器是编码器的逆过程，功能是将每个输入的二进制代码译成对应的输出高、低电平信号或另外一个代码。译码器可分为两种类型：**二进制译码器**和**代码转换器**。

> 又叫唯一地址译码器

二进制译码器/唯一地址译码器：将代码转换成与之一一对应的有效信号，常用于计算机中对存储单元地址的译码，如图4.4所示。

代码转换器：将一种代码转换成为另一种代码。

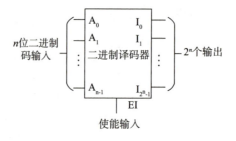

图4.4

1.3 线-8线译码器

> 注意，输出端为低电平有效，因此在输出端组合时，若最终要求状态输出为高电平有效，则应用与非门将译码器输出连接

3线-8线译码器框图如图4.5所示。数据输入端 A_0、A_1、A_2，数据输出端为 $Y_0' \sim Y_7'$，控制端 S_1、S_2'、S_3'。在正常使用过程中 $S_1 = \mathbf{1}, S_2' = S_3' = \mathbf{0}$，其功能表如表4.3所示。

> 否则译码器将被禁止，所有的输出端被封锁在高电平

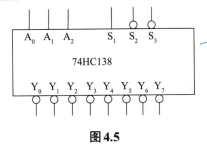

图 4.5

对于3线-8线译码器，输出信号的表达式可以表示为：

$$\begin{cases} Y_0' = (A_2' A_1' A_0')' = m_0' \\ Y_1' = (A_2' A_1' A_0)' = m_1' \\ Y_2' = (A_2' A_1 A_0')' = m_2' \\ Y_3' = (A_2' A_1 A_0)' = m_3' \\ Y_4' = (A_2 A_1' A_0')' = m_4' \\ Y_5' = (A_2 A_1' A_0)' = m_5' \\ Y_6' = (A_2 A_1 A_0')' = m_6' \\ Y_7' = (A_2 A_1 A_0)' = m_7' \end{cases}$$

表 4.3

输入						输出							
E_3	E_2'	E_1'	A_2	A_1	A_0	Y_0'	Y_1'	Y_2'	Y_3'	Y_4'	Y_5'	Y_6'	Y_7'
×	1	×	×	×	×	1	1	1	1	1	1	1	1
×	×	1	×	×	×	1	1	1	1	1	1	1	1
0	×	×	×	×	×	1	1	1	1	1	1	1	1
1	0	0	0	0	0	0	1	1	1	1	1	1	1
1	0	0	0	0	1	1	0	1	1	1	1	1	1
1	0	0	0	1	0	1	1	0	1	1	1	1	1
1	0	0	0	1	1	1	1	1	0	1	1	1	1
1	0	0	1	0	0	1	1	1	1	0	1	1	1
1	0	0	1	0	1	1	1	1	1	1	0	1	1
1	0	0	1	1	0	1	1	1	1	1	1	0	1
1	0	0	1	1	1	1	1	1	1	1	1	1	0

2. 二－十进制译码器

二－十进制译码器的真值表如表4.4所示。

> 其中，BCD代码以外的伪码(即**1010~1111**这6个代码)会使得输出端均无低电平信号产生，译码器拒绝"翻译"，因此二－十进制译码器的电路结构具有拒绝伪码的功能

表4.4

序号	BCD输入				输出									
	A_3	A_2	A_1	A_0	Y_0'	Y_1'	Y_2'	Y_3'	Y_4'	Y_5'	Y_6'	Y_7'	Y_8'	Y_9'
0	0	0	0	0	0	1	1	1	1	1	1	1	1	1
1	0	0	0	1	1	0	1	1	1	1	1	1	1	1
2	0	0	1	0	1	1	0	1	1	1	1	1	1	1
3	0	0	1	1	1	1	1	0	1	1	1	1	1	1
4	0	1	0	0	1	1	1	1	0	1	1	1	1	1
5	0	1	0	1	1	1	1	1	1	0	1	1	1	1
6	0	1	1	0	1	1	1	1	1	1	0	1	1	1
7	0	1	1	1	1	1	1	1	1	1	1	0	1	1
8	1	0	0	0	1	1	1	1	1	1	1	1	0	1
9	1	0	0	1	1	1	1	1	1	1	1	1	1	0
10	1	0	1	0	1	1	1	1	1	1	1	1	1	1
11	1	0	1	1	1	1	1	1	1	1	1	1	1	1
12	1	1	0	0	1	1	1	1	1	1	1	1	1	1
13	1	1	0	1	1	1	1	1	1	1	1	1	1	1
14	1	1	1	0	1	1	1	1	1	1	1	1	1	1
15	1	1	1	1	1	1	1	1	1	1	1	1	1	1

二－十进制译码器输出与输入的逻辑表达式：

$$\begin{cases} Y_0' = (A_3'A_2'A_1'A_0')' & Y_1' = (A_3'A_2'A_1'A_0)' \\ Y_2' = (A_3'A_2'A_1A_0')' & Y_3' = (A_3'A_2'A_1A_0)' \\ Y_4' = (A_3'A_2A_1'A_0')' & Y_5' = (A_3'A_2A_1'A_0)' \\ Y_6' = (A_3'A_2A_1A_0')' & Y_7' = (A_3'A_2A_1A_0)' \\ Y_8' = (A_3A_2'A_1'A_0')' & Y_9' = (A_3A_2'A_1'A_0)' \end{cases}$$

3.显示译码器

显示译码器的引脚标号如图4.6所示。

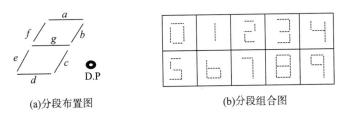

(a)分段布置图　　　　　(b)分段组合图

图4.6

显示译码器的连接方式:共阴极连接和共阳极连接,如图4.7所示。

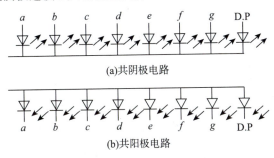

(a)共阴极电路

(b)共阳极电路

图4.7

三、数据选择器

数据选择电路是指经过选择,把多路数据中的某一路数据传送到公共数据线上,实现数据选择功能的逻辑电路。数据选择器是一种多路输入、单路输出的组合逻辑器件,又称为多路选择器或多路开关。

1. 2选1数据选择器

2选1数据选择器的逻辑图如图4.8所示,真值表如表4.5所示。

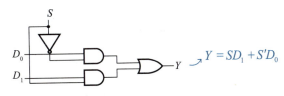

$Y = SD_1 + S'D_0$

图4.8

表4.5

选择输入	输出
S	Y
0	D_0
1	D_1

2. 4选1数据选择器

对4个输入数据进行选择，设两位地址输入信号为 S_1S_0，当 S_1S_0 取 **00**、**01**、**10**、**11** 时，分别控制4个数据通道的开关，真值表如表4.6所示。

表4.6

选择输入		输出
S_1	S_0	Y
0	0	D_0
0	1	D_1
1	0	D_2
1	1	D_3

3. 8选1数据选择器 74HC151

3个地址输入端 S_2、S_1、S_0，可选择 $D_0 \sim D_7$ 共8个数据源，具有两个互补输出端，一个使能输入端 E'。当 $E'=0$ 时数据选择器工作，$E'=1$ 时数据选择器被禁止工作，输出被封锁。74HC151芯片引脚图如图4.9所示。

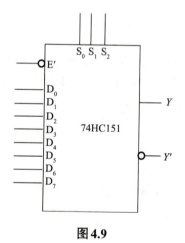

图4.9

四、加法器

1. 半加器

只考虑了两个加数本身，而没有考虑低位进位的加法运算，称为半加。实现半加运算的逻辑电路称为半加器。两个1位二进制的半加运算可用表4.7所示的真值表表示，其中 A、B 是两个加数，S 表示和数，CO 表示进位数。逻辑表达式如下：

$$\begin{cases} S = A'B + AB' = A \oplus B \\ CO = AB \end{cases}$$

↙ 在不考虑进位的情况下，半加器就是异或运算

表4.7

输入		输出	
A	B	CO	S
0	0	0	0
0	1	0	1
1	0	0	1
1	1	1	0

半加器由一个异或门和一个与门组成,如图4.10所示。

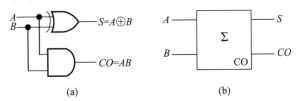

图4.10

2. 全加器

除了最低位以外,每一位都考虑来自低位的进位,即将两个对应位的加数和来自低位的进位3个数相加的运算,称为全加,所用的电路称为全加器。全加器的真值表如表4.8所示,其中 A 和 B 分别为被加数及加数,C_i 为低位进位数,S 为本位和数(称为全加和),CO 为向高位的进位数。

↳ 不考虑进位的情况下,输出为三输入异或

表4.8

输入			输出	
A	B	C_i	S	CO
0	0	0	0	0
0	0	1	1	0
0	1	0	1	0
0	1	1	0	1
1	0	0	1	0
1	0	1	0	1
1	1	0	0	1
1	1	1	1	1

全加器的逻辑表达式为

$$\begin{cases} S = A'B'C_i + A'BC_i' + AB'C_i' + ABC_i = A \oplus B \oplus C_i \\ CO = AB + AB'C_i + A'BC_i = AB + (A \oplus B)C_i \end{cases}$$

逻辑电路图如图4.11所示。

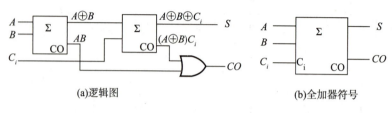

(a)逻辑图　　　　　　　　(b)全加器符号

图4.11

五、减法器

减法运算的原理是将减法运算转化成补码的加法运算进行。利用补码原理可得

$$A - B = A + B_{补} - 2^n = A + B_{反} + 1 - 2^n$$

六、数值比较器

数值比较器就是对两个二进制数 A、B 进行比较的逻辑电路，比较结果有 $A > B$、$A < B$，以及 $A = B$ 三种情况。

1. 1位数值比较器

当 A 和 B 都是1位二进制数时，它们只能取 **0** 或 **1** 两种值，由此可写出1位数值比较器的真值表，如表4.9所示。

表4.9

输入		输出		
A	B	$F_{A>B}$	$F_{A<B}$	$F_{A=B}$
0	0	0	0	1
0	1	0	1	0
1	0	1	0	0
1	1	0	0	1

由真值表得到如下逻辑表达式和逻辑电路(见图4.12)：

$$\begin{cases} F_{A>B} = AB' \\ F_{A<B} = A'B \\ F_{A=B} = A'B' + AB \end{cases}$$

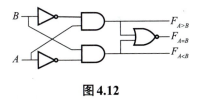

图 4.12

2. 2位数值比较器

比较2位二进制数 A_1A_0 和 B_1B_0，用 $F_{A>B}$、$F_{A<B}$、$F_{A=B}$ 表示比较结果。

(1)高位 A_1、B_1 不相等时，无须比较低位 A_0、B_0。高位比较的结果就是两个数的比较结果。

(2)高位相等时，两数的比较结果由低位比较的结果决定。

2位数值比较器的真值表如表4.10所示。

表4.10

输入		输出		
$A_1 \quad B_1$	$A_0 \quad B_0$	$F_{A>B}$	$F_{A<B}$	$F_{A=B}$
$A_1 > B_1$	×	1	0	0
$A_1 < B_1$	×	0	1	0
$A_1 = B_1$	$A_0 > B_0$	1	0	0
$A_1 = B_1$	$A_0 < B_0$	0	1	0
$A_1 = B_1$	$A_0 = B_0$	0	0	1

2位数值比较器的逻辑表达式为

$$\begin{cases} F_{A>B} = A_1B_1' + (A_1'B_1' + A_1B_1)A_0B_0' = F_{A_1>B_1} + F_{A_1=B_1} \cdot F_{A_0>B_0} \\ F_{A<B} = A_1'B_1 + (A_1'B_1' + A_1B_1)A_0'B_0 = F_{A_1<B_1} + F_{A_1=B_1} \cdot F_{A_0<B_0} \\ F_{A=B} = F_{A_1=B_1} \cdot F_{A_0=B_0} \end{cases}$$

逻辑电路图如图4.13所示。

用这个方法可以构成更多位数值的比较器

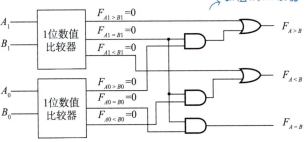

图 4.13

4.4 竞争－冒险

一、竞争－冒险现象及其成因

信号经过逻辑门电路都需要一定的时间,由于不同路径上门的级数不同,信号经过不同路径传输的时间不同,或者门的级数相同,但各个门延迟时间有差异,会造成传输时间不同。

竞争:在门电路中,当电路从一种稳定状态转到另一种稳定状态的瞬间,某个门电路两个输入信号同时向相反的逻辑电平跳变(一个从1变为0,另一个从0变为1)的现象称为竞争。

冒险:由于竞争而引起电路输出信号中出现了非预期信号,产生瞬间错误的现象称为冒险,表现为输出端出现了原设计中没有的窄脉冲,即电压毛刺。

竞争不一定会产生冒险,但有冒险就一定有竞争。

二、判断竞争－冒险是否存在的方法

1.代数法

对于任意组合电路,当其表达式的某种组合会导致出现 $F = A + A'$ 或者 $F = A \cdot A'$ 时,理论上就会产生静态冒险,反相器在传输过程中会产生延时。比如表达式:$F = XY + X'Z$。当输入 Y 与 Z 稳定在1时,F 应该稳定产生1,而 X 发生变化时,就会导致电路产生0的窄脉冲,也就产生了静态1型冒险。静态0型冒险类似。

2.卡诺图法

当对卡诺图化简,存在相切的最小项或者最大项时,电路中就可能存在竞争－冒险。如图4.14所示,圈出的最小项存在相切的现象,就产生了冒险。

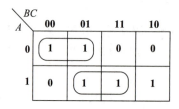

图4.14

三、消除竞争－冒险现象的方法

1.修改逻辑设计,增加冗余项

对于给定的逻辑函数式 $Y = AB + A'C$,当 B、C 都为1时,$Y = A + A'$。若 A 值改变,则会发生竞争。通常可以增加冗余项 BC,使逻辑函数式变为 $Y = AB + A'C + BC$,即可消除竞争－冒险。

↳即导致产生竞争的变量的组合

2. 接入滤波电容

在输出端并接一个不大的滤波电容(见图4.15),能够有效削弱竞争-冒险。

图 4.15

3. 引入选通脉冲(见图4.16)

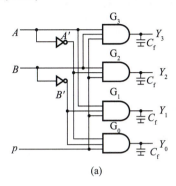
(a)

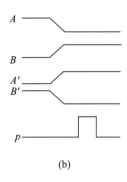
(b)

图 4.16

斩题型

题型 1 组合逻辑电路的分析和设计

破题小记一笔

常考的组合逻辑电路有:奇偶校验器、多数表决器、函数发生器等。大家记得这几个功能电路的真值表结构即可,要能够跟着真值表或时序图写出对应功能。

例 1 已知逻辑电路如图 4.17 所示,分析该电路的功能。

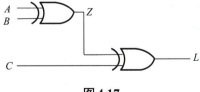

图 4.17

解析 ①根据逻辑电路可写出输出端的逻辑函数表达式,为方便起见,电路中标出了中间变量 Z。电路由两个异或门构成,因此

$$\begin{cases} Z = A \oplus B \\ L = Z \oplus C = (A \oplus B) \oplus C \end{cases}$$

②列写真值表。将3个输入变量的8种可能的组合一一列出，分别将每一组变量的取值代入逻辑函数表达式，然后算出中间变量Z值和输出L值，填入表中，如表4.11所示。

> 书写真值表的较快方法：
> 确定好输入变量的数目n和取值组合总数(2的n次方)后，对每个变量，按照低位到高位的顺序，依次按照"0101…" "00110011…" "0000111100001111…"的方式，从最低位开始竖着写，即可得到输入变量的全部取值组合。
> 例如：书写包含变量AB(A为高位，B为低位)的逻辑真值表，则
> B为"0101…"
> A为"00110011…"
>
> | A | B |
> |---|---|
> | 0↓ | 0↓ |
> | 0 | 1 |
> | 1↓ | 0↓ |
> | 1 | 1 |

表 4.11

A	B	C	Z	L
0	0	0	0	0
0	0	1	0	1
0	1	0	1	1
0	1	1	1	0
1	0	0	1	1
1	0	1	1	0
1	1	0	0	0
1	1	1	0	1

③确定逻辑功能。分析真值表后可知，当A、B、C三个输入变量的取值中有奇数个1时，L为1，否则L为0。所以该电路称为奇校验电路，用于检查3位二进制码的奇偶性。

> 如果在上述电路的输出端再加一级反相器，当输入电路的二进制码中含有偶数个1时，输出为1，则称此电路为偶校验电路

例2 某火车站有特快、直快和慢车三种类型的客运列车进出，试设计一个指示列车等待进站的逻辑电路，当有两种或两种以上的列车等待进站时，要求发出信号，提示工作人员安排列车进站事宜。

解析 ①逻辑抽象。

设变量A、B、C分别表示特快、直快和慢车的进站请求(1为有请求，0为无请求)。L表示进站状况，当有两种或两种以上的列车请求进站时，$L=1$，否则，$L=0$。

根据题意列出真值表，如表4.12所示。

表4.12

输入			输出
A	B	C	L
0	0	0	0
0	0	1	0
0	1	0	0
0	1	1	1
1	0	0	0
1	0	1	1
1	1	0	1
1	1	1	1

②根据真值表写出输出逻辑表达式。

对于输入或输出变量，凡取**1**值的用原变量表示，取**0**值的用反变量表示，则

$$L = A'BC + AB'C + ABC' + ABC$$

③化简逻辑表达式。

用公式法或者卡诺图化简上述逻辑表达式，得

$$L = AB + AC + BC$$

④画出逻辑图。

用与门和或门实现两级与－或结构的最简电路，如图4.18所示。

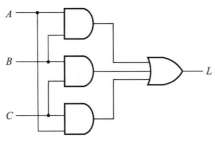

图4.18

> ⭐ **星峰点悟** 💡
>
> （1）对于组合逻辑电路的分析，考试时如果确实不知道该电路的具体功能，那么有一个万能的答题模板：该电路是一个函数发生器，能够产生逻辑函数$L=××$，在输入变量A、B、C、D取值为××、××、××、××时，函数输出**1**。

(2)对于组合逻辑电路的设计,部分题目会要求对组合逻辑电路的设计进一步优化,如指定元器件、用尽可能少的逻辑门。针对此类题型,可采取的解决方式为:

① 若指定元器件,则将卡诺图化简为指定形式即可;

② 若要求尽可能少的逻辑门,则将卡诺图化简成最简形式。

题型 2 译码器和数据选择器

破题小记一笔

译码器和数据选择器可用来设计函数发生器,因此,在所有电路设计中,均可采用这两个来组合逻辑电路。

例3 用3线 – 8线译码器(74HC138)和必要的逻辑门实现函数 $L = A'C' + AB$ 。

解析 首先将函数式变换为最小项之和的形式: *方法:利用基本公式 $A + A' = 1$ 、$C + C' = 1$,将每个乘积项缺少的因子补全,得到函数表达式的最小项形式*

$$L = A'B'C' + A'BC' + ABC' + ABC = m_0 + m_2 + m_6 + m_7$$

将输入变量 A 、B 、C 分别接入 A_2 、A_1 、A_0 端,并将控制端接有效电平。因为译码器输出是低电平有效,所以将最小项变换为反函数的形式

根据"反演定理"推导

$$L = (m'_0 \, m'_2 \, m'_6 \, m'_7)' = (Y'_0 \, Y'_2 \, Y'_6 \, Y'_7)'$$

在译码器的输出端加一个与非门,将这些最小项组合起来,便可实现3变量组合逻辑函数,如图4.19所示。

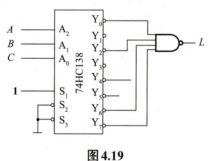

图 4.19

例4 试用数据选择器实现下列逻辑函数:

(1)用4选1数据选择器实现 $L_0 = A'B + AB'$;

(2)用4选1数据选择器实现 $L_1 = AB + AC' + BC$;

(3)用2选1数据选择器和必要的逻辑门实现 $L_2 = AB + AC' + BC$ 。

解析 （1）把所给的函数式变换成最小项表达式：

$$L_0 = A'B \cdot 1 + AB' \cdot 1 = m_1 D_1 + m_2 D_2$$

变量 A、B 分别接 4 选 1 数据选择器的两个选择端 S_1 和 S_0。L_0 中出现的最小项 m_1、m_2 对应的数据输入端 D_1、D_2 都应该等于 1，而没有出现的最小项 m_0、m_3 对应的数据输入端 D_0、D_3 都应该等于 0。由此可画出逻辑图，如图 4.20(a) 所示。

> 换个思路，各位同学也可以按照以下步骤进行：
> ① $L_0 = A'B + AB' = A'B' \cdot 0 + A'B \cdot 1 + AB' \cdot 1 + AB \cdot 0$；
> ② 与 4 选 1 数据选择器的输出逻辑式 $Y = D_0(A_1'A_0') + D_1(A_1'A_0) + D_2(A_1 A_0') + D_3(A_1 A_0)$ 对照可得 D_0、D_1、D_2、D_3；
> ③ 将 A、B 作为地址输入端，并且使得数据输入端 $D_0 = 0$、$D_1 = 1$、$D_2 = 1$、$D_3 = 0$

（2）根据 L_1 的函数式列出真值表，如表 4.13 所示。

将变量 A、B 接入 4 选 1 数据选择器选择输入端 S_1 和 S_0。将变量 C 分配在数据输入端。从表中可以看出输出 L_1 与变量 C 的关系。当 $AB = 00$ 时选通 D_0，而此时 $L_1 = 0$，所以数据端 D_0 接 0；当 $AB = 01$ 时选通 D_1，由真值表得此时 $L_1 = C$，即 D_1 应接 C；当 AB 为 10 和 11 时，D_2 和 D_3 分别接 C' 和 1。因此得到逻辑电路，如图 4.20(b) 所示。

> 和前一问一样，我们换个思路考虑：
> ① $L_1 = AB + AC' + BC = A'B' \cdot 0 + A'BC + AB'C' + AB \cdot 1$；
> ② 与 4 选 1 数据选择器的输出逻辑式 $Y = D_0(A_1'A_0') + D_1(A_1'A_0) + D_2(A_1 A_0') + D_3(A_1 A_0)$ 对照可得 D_0、D_1、D_2、D_3；
> ③ 将 A、B 作为地址输入端，并且使得数据输入端 $D_0 = 0$、$D_1 = C$、$D_2 = C'$、$D_3 = 1$

表 4.13

输入			输出	
A	B	C	L_1	
0	0	0	0	$L_1 = 0$
0	0	1	0	
0	1	0	0	$L_1 = C$
0	1	1	1	
1	0	0	1	$L_1 = C'$
1	0	1	0	
1	1	0	1	$L_1 = 1$
1	1	1	1	

（3）L_2 的真值表如表 4.14 所示。2 选 1 数据选择器只有一个选择输入端，将变量 A 接入选择输入端。根据表中 L_2 与 B、C 的关系，当 $A = 0$ 时，可以求出 $L_2 = BC$，即数据端 $D_0 = BC$。同理可求出 $D_1 = B + C'$，也可以将逻辑函数变换为 $L_2 = A'BC + A(B + C')$ 求得 D_0 和 D_1。将变量 B、C 用逻辑门组合后接入数据端，如图 4.20(c) 所示，这样可以实现变量数更多的逻辑函数。

↳ 也可换个思路：
① $L_2 = AB + AC' + BC = A'BC + A(B + C')$；
② 与 2 选 1 数据选择器的输出逻辑式 $Y = D_0 A' + D_1 A$ 对照可得 D_0、D_1；
③ 将 A 作为地址输入端，并且使得数据输入端 $D_0 = BC$、$D_1 = B + C'$

表 4.14

输入			输出	
A	B	C	L_2	
0	0	0	0	$L_2 = BC$
0	0	1	0	
0	1	0	0	
0	1	1	1	
1	0	0	1	$L_2 = B + C'$
1	0	1	0	
1	1	0	1	
1	1	1	1	

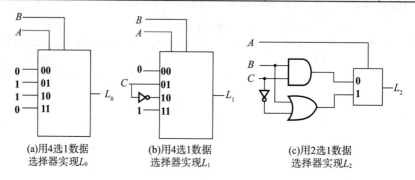

(a) 用 4 选 1 数据选择器实现 L_0　　(b) 用 4 选 1 数据选择器实现 L_1　　(c) 用 2 选 1 数据选择器实现 L_2

图 4.20

星峰点悟

用一个具有 n 位选择输入的数据选择器，实现变量数不大于 $n+1$ 的逻辑函数时，每一个数据输入端可以接 0、1、单变量或其反变量形式。当变量数大于 $n+1$ 时，可以用多个数据选择器扩展使用，也可以附加其他门电路后连接到数据输入端。

题型 3　加法器和减法器原理设计

> **破题小记一笔**
> 乘法器和加法器的设计和分析一般出现在拔高题型中,存在一定的难度,但其基本原理都是基于加法器的。

例5 试设计一个乘法电路,输入为两个两位的二进制数 a_1a_0、b_1b_0,输出的二进制数等于输入的两个数的乘积。仅写出电路的表达式即可。

解析　首先,按照二进制乘法规则列写竖式:

$$
\begin{array}{r}
a_1\ \ a_0 \\
\times)\ \ b_1\ \ b_0 \\
\hline
a_1b_0\ \ a_0b_0 \\
+)\ a_1b_1\ \ a_0b_1 \\
\hline
C_2S_2\ \ C_1S_1\ \ S_0
\end{array}
$$

式中 S_0、S_1、S_2 为各对应位的和,C_1、C_2 分别为 S_1 和 S_2 位的进位。

然后,写出 S_i、C_i 的表达式:

$$
\begin{cases}
S_0 = a_0b_0 \\
S_1 = (a_1b_0) \oplus (a_0b_1) = a_1a_0'b_0 + a_1'a_0b_1 + a_1b_1'b_0 + a_0b_1b_0' \\
C_1 = a_1b_0a_0b_1 \\
S_2 = (a_1b_1) \oplus C_1 = a_1b_1(a_1a_0b_1b_0)' + (a_1b_1)'a_1a_0b_1b_0 = a_1b_1(a_0' + b_0') = a_1a_0'b_1 + a_1b_1b_0' \\
C_2 = a_1b_1 \cdot C_1 = a_1b_1a_0b_0
\end{cases}
$$

式中,C_2、S_2、S_1、S_0 即为乘法电路输出的四位二进制数。注意到上面表达式中的 S_1、C_1,若把 a_1b_0、a_0b_1 分别各自看成一个整体,将它们输入进半加器中,由半加器的两个输出 $S = A \oplus B$、$C = AB$,得到的 $S = (a_1b_0) \oplus (a_0b_1)$ 即 S_1,同时得到的输出 $C = a_1a_0b_1b_0$ 即进位 C_1。同理,将 a_1b_1 看成一个整体,C_1 的表达式看成一个整体,然后将它们输入进半加器,得到的两个输出分别是 S_2 和 C_2。

例6 设计一个4位减法器电路,要求详细阐述设计流程。

解析　减法运算的原理是将减法运算转化成补码的加法运算进行。

若 n 位二进制的原码为 N,则与它相对应的补码为 $N_{补} = 2^n - N_{原}$。同时,根据补码与反码的关系式 $N_{补} = N_{反} + 1$,设两个数 A、B 相减,利用上述二式可得 $A - B = A + B_{补} - 2^n = A + B_{反} + 1 - 2^n$。

上式表明,A 减 B 可由 A 加 B 的补码再减 2^n 完成。4位减法运算电路如图4.21(a)所示,具体原理说明如下：图4.21(a)中的4个反相器将B的各位反相(求反)，并将进位输入端C_{-1}接逻辑1以实现加1，由此求得B的补码。加法器相加的结果为$A+B_{反}+1$。

由于$2^n=(10000)_2$，相加结果与2^n相减只能由加法器进位输出信号完成。当进位输出信号为**1**时，与2^n的差为0；当进位输出信号为**0**时，与2^n的差值为1，同时还应发出借位信号。因此，只要将进位信号反相即可实现减2^n运算。

输出求补逻辑电路如图4.21(b)所示，它和图4.21(a)共同组成输出码为原码的4位减法运算电路。由图4.21(a)所得的差值输入到异或门的一个输入端，而另一个输入端由借位信号V控制。当$V=\mathbf{1}$时，表示差值为负数，$D_3'\sim D_0'$反相，并与$C_{-1}=1$相加，实现求补运算；当$V=\mathbf{0}$时，表示差值为正数，$D_3'\sim D_0'$不反相，加法器也不实现加1运算，维持原码。

利用公式：$1\oplus A=A'$

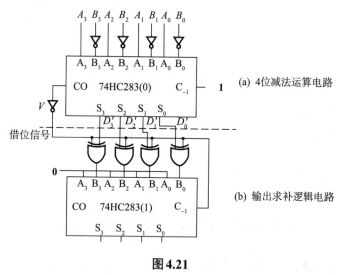

图4.21

> ⭐ **星峰点悟**
>
> 数字电子技术、计算机中所有的乘法、减法本质上都是将其转化为加法运算进行。因此，只要了解乘法和减法运算的原理，即可将其转化为加法运算设计对应电路。

题型4 竞争和冒险

例7 对于函数$F(A,B,C,D)=\sum m(1,3,7,8,9,15)$，当用最少数目的与非门实现其电路时，分析电路是否存在竞争-冒险？在什么时刻出现？试用不同的办法消除冒险现象。

解析 函数F的卡诺图如图4.22所示。根据卡诺图化简函数时的合并规则，函数F应该化简为表达式
$$F=A'B'D+AB'C'+BCD$$

法一：判断电路是否存在竞争-冒险现象的一种方法是将电路输出函数画成卡诺图的形式，根据所画

圈的位置可判断电路是否存在竞争-冒险：

①先将函数的表达式用卡诺图表示出来，并照常画圈找出最简形式；

②如果因化简所找出的圈与圈之间存在相切这样一种位置关系，则可能出现竞争-冒险。

在图4.22中，相切部分用"加粗线"表示。因此，存在竞争-冒险。解决的方法是将相切处的两个变量圈起来，圈起来组成的项便是我们需要增加的冗余项，在图4.22中用虚线表示出来。根据图4.22可知，冗余项为 $A'CD$ 和 $B'C'D$。因此，在原表达式中增加这两项即可消除竞争-冒险。增加冗余项后的表达式为

$$F = A'B'D + AB'C' + BCD + A'CD + B'C'D$$

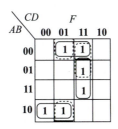

图 4.22

法二：根据竞争-冒险出现的原理，本题逻辑表达式中：

①当 $A=0$、$C=D=1$ 时，$F=B+B'$。若 B 变化，则电路可能出现冒险现象；

②当 $B=0$、$C=0$、$D=1$ 时，$F=A+A'$。若 A 变化，则电路可能出现冒险现象。

因此，可以通过增加冗余项的方式消除竞争-冒险。第一种情况，B 冒险出现在 $A=0$、$C=D=1$ 时，因此可利用公式变换加上 $A'CD$，当 $A=0$、$C=D=1$ 时，让 F 输出恒为1，这样便可消除 $B+B'$ 竞争-冒险。同理，第二种情况的冗余项为 $B'C'D$，增加冗余项后的表达式为

$$F = A'B'D + AB'C' + BCD + A'CD + B'C'D$$

> ⭐ **星峰点悟** 💡
>
> 判断竞争-冒险的方法有两种：(1)根据卡诺图相切判断；(2)通过代数法判断。本质上这两种方法的原理一致。对于第二种，需要观察公式会出现冒险-竞争时各变量的取值。因此，对于较为复杂的表达式，使用起来比较麻烦。所以，对于较为复杂的表达式，推荐考生使用第一种方法。

解习题

1. 分析图4.23电路的逻辑功能，写出输出的逻辑函数式，列出真值表，说明电路逻辑功能的特点。

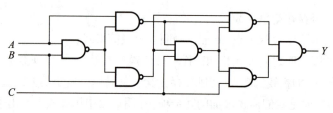

图 4.23

解析 该电路是由 7 个与非门构成的组合逻辑电路。根据电路图,从输入端到输出端逐级写出输出的逻辑函数式,并化简得到

$$Y = A'B'C' + A'BC + AB'C + ABC'$$

真值表如表 4.15 所示。由表可得:当输入变量包含偶数个 "**1**"(或奇数个 "**0**")时,输出为 **1**;包含奇数个 "**1**"(或偶数个 "**0**")时,输出为 **0**。因此,该电路为一个三变量的奇偶校验器电路。

表 4.15

A	B	C	Y
0	0	0	1
0	0	1	0
0	1	0	0
0	1	1	1
1	0	0	0
1	0	1	1
1	1	0	1
1	1	1	0

2. 图 4.24 所示为一个多功能函数发生电路。试写出 $S_0S_1S_2S_3$ 为 **0000 ~ 1111** 十六种不同状态时输出 Y 的逻辑函数式。

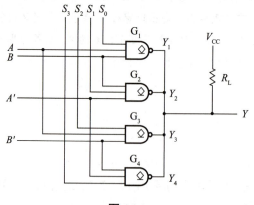

图 4.24

解析 由电路图可知,该电路主要由三输入与非门构成。当 S_i 为 **1** 时,对应常规三输入与非门功能;当 S_i 全为 **0** 时,与非门输出恒为 **1**。根据此性质,即可分别求出在 $S_3S_2S_1S_0$ 的十六种取值下输出 Y 与输入 A、B 关系表达式,并罗列真值表,如表 4.16 所示。

表 4.16

S_3	S_2	S_1	S_0	Y
0	0	0	0	1
0	0	0	1	$A' + B'$
0	0	1	0	$A + B'$
0	0	1	1	B'
0	1	0	0	$A' + B$
0	1	0	1	A'
0	1	1	0	$AB + A'B'$
0	1	1	1	$A' \cdot B'$
1	0	0	0	$A + B$
1	0	0	1	$AB' + A'B$
1	0	1	0	A
1	0	1	1	AB'
1	1	0	0	B
1	1	0	1	$A'B$
1	1	1	0	AB
1	1	1	1	0

3. 分析图 4.25 电路的逻辑功能,写出 Y_1、Y_2 的逻辑函数式,列出真值表,指出电路完成什么逻辑功能。

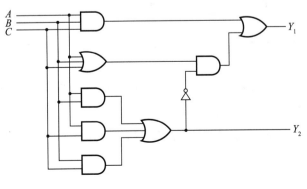

图 4.25

解析 由电路图可知,该电路是由五个与门、三个或门、一个非门组成的基本逻辑电路。根据逻辑图,自左向右逐级写出输出表达式(见图4.26),可得

$$\begin{cases} Y_1 = ABC + (A+B+C) \cdot (AB+AC+BC)' \\ = ABC + AB'C' + A'BC' + A'B'C \\ Y_2 = AB + AC + BC \end{cases}$$

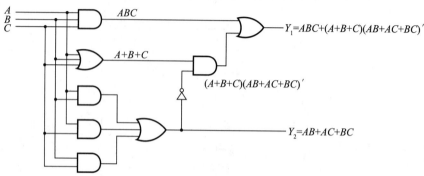

图4.26

将表达式真值表罗列如表4.17所示。根据真值表可知,该电路为一个全加器电路。其中 A、B、C 分别为加数、被加数和来自低位的进位,Y_1 是和,Y_2 是进位输出。

表4.17

A	B	C	Y_1	Y_2
0	0	0	0	0
0	0	1	1	0
0	1	0	1	0
0	1	1	0	1
1	0	0	1	0
1	0	1	0	1
1	1	0	0	1
1	1	1	1	1

4. 略。

5. 用与非门设计四变量的多数表决电路。当输入变量 A、B、C、D 有3个或3个以上为**1**时输出为**1**,输入为其他状态时输出为**0**。

解析 根据题意,将输入变量和输出变量的对应关系罗列真值表,如表4.18所示。

表4.18

A	B	C	D	Y
0	0	0	0	0
0	0	0	1	0
0	0	1	0	0
0	0	1	1	0
0	1	0	0	0
0	1	0	1	0
0	1	1	0	0
0	1	1	1	1
1	0	0	0	0
1	0	0	1	0
1	0	1	0	0
1	0	1	1	1
1	1	0	0	0
1	1	0	1	1
1	1	1	0	1
1	1	1	1	1

将真值表中输出 $Y = 1$ 的部分单独写出，得到输出逻辑表达式

$$Y = A'BCD + AB'CD + ABC'D + ABCD' + ABCD$$
$$= ABC + ABD + ACD + BCD$$
$$= \left[(ABC)' \cdot (ABD)' \cdot (ACD)' \cdot (BCD)'\right]'$$

画出的逻辑电路图如图4.27所示。

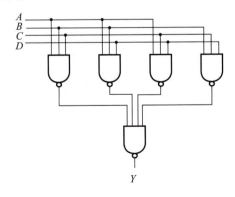

图4.27

6. 有一水箱由大、小两台水泵 M_L 和 M_S 供水,如图 4.28 所示。水箱中设置了 3 个水位检测元件 A、B、C。水面低于检测元件时,检测元件给出高电平;水面高于检测元件时,检测元件给出低电平。现要求当水位超过 C 点时水泵停止工作;水位低于 C 点而高于 B 点时 M_S 单独工作;水位低于 B 点而高于 A 点时 M_L 单独工作;水位低于 A 点时 M_L 和 M_S 同时工作。试用门电路设计一个控制两台水泵的逻辑电路,要求电路尽量简单。

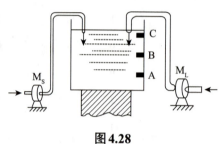

图 4.28

解析 首先进行逻辑抽象,当 M_L 或 M_S 为 1 时,水泵工作;为 0 时,水泵停止工作。检测元件输出低电平为 0、高电平为 1。构建真值表时,排除水位逻辑上不可能的组合(如高于 C 而低于 B 或 A,或高于 B 而低于 A),即 *ABC* 的 **010**、**100**、**101**、**110** 作为无效项处理,这样简化后的真值表仅考虑有效水位状态。其真值表如表 4.19 所示。

表 4.19

A	B	C	M_S	M_L
0	0	0	0	0
0	0	1	1	0
0	1	0	×	×
0	1	1	0	1
1	0	0	×	×
1	0	1	×	×
1	1	0	×	×
1	1	1	1	1

根据卡诺图 [见图 4.29(a)] 化简表 4.19 所示真值表,得逻辑函数式为

$$\begin{cases} M_S = A + B'C \\ M_L = B \end{cases}$$

逻辑电路图如图 4.29(b) 所示。

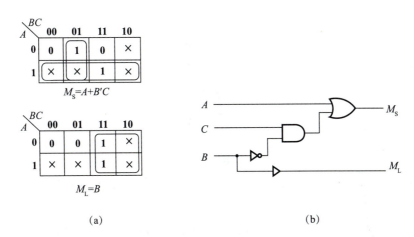

(a)　　　　　　　　　　　　　　(b)

图 4.29

7. 设计一个代码转换电路，输入为 4 位二进制代码，输出为 4 位格雷码。可以采用各种逻辑功能的门电路来实现。

> 考生可以对应参考第一章介绍的
> 二进制和格雷码转换的知识点

解析 首先进行逻辑抽象，将输入设为 $A_3A_2A_1A_0$，输出设为 $Y_3Y_2Y_1Y_0$。根据格雷码和二进制的对应关系，可得表 4.20。

表 4.20

二进制代码				格雷码				二进制代码				格雷码			
A_3	A_2	A_1	A_0	Y_3	Y_2	Y_1	Y_0	A_3	A_2	A_1	A_0	Y_3	Y_2	Y_1	Y_0
0	0	0	0	0	0	0	0	1	0	0	0	1	1	0	0
0	0	0	1	0	0	0	1	1	0	0	1	1	1	0	1
0	0	1	0	0	0	1	1	1	0	1	0	1	1	1	1
0	0	1	1	0	0	1	0	1	0	1	1	1	1	1	0
0	1	0	0	0	1	1	0	1	1	0	0	1	0	1	0
0	1	0	1	0	1	1	1	1	1	0	1	1	0	1	1
0	1	1	0	0	1	0	1	1	1	1	0	1	0	0	1
0	1	1	1	0	1	0	0	1	1	1	1	1	0	0	0

由真值表写出输出逻辑式，化简后得到

$$\begin{cases} Y_3 = A_3 \\ Y_2 = A_3 \oplus A_2 \\ Y_1 = A_2 \oplus A_1 \\ Y_0 = A_1 \oplus A_0 \end{cases}$$

逻辑图如图4.30所示。

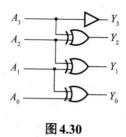

图 4.30

8. 试画出用4片8线-3线优先编码器74HC148组成32线-5线优先编码器的逻辑图。允许附加必要的门电路。

解析 根据题目，针对32个输入变量和5个输出变量的需求，采用4片74HC148优先编码器进行级联扩展。以 $I'_{31} \sim I'_0$ 表示32个编码输入信号，优先级依次降低，以 $D_4D_3D_2D_1D_0$ 表示输出编码。由于每片74HC148仅提供3位输出（$D_2D_1D_0$），故需额外利用各片的 Y'_{EX}（扩展输出有效）信号来生成 D_4 和 D_3。通过串联这4片编码器，设定：当第(4)片工作时，$D_4D_3 = \mathbf{11}$；当第(3)片工作时，$D_4D_3 = \mathbf{10}$；当第(2)片工作时，$D_4D_3 = \mathbf{01}$；当第(1)片工作时，$D_4D_3 = \mathbf{00}$。基于这一配置，可以构建 D_4 和 D_3 作为各片 Y'_{EX} 信号函数的真值表（见表4.21），从而确保整个系统能够正确映射32个输入到5位输出编码上。这种级联方式有效解决了单一编码器输出位数不足的问题，实现了对更多输入信号的编码处理。

表 4.21

工作的芯片号	Y_{EX4}	Y_{EX3}	Y_{EX2}	Y_{EX1}	D_4	D_3
(4)	**1**	**0**	**0**	**0**	**1**	**1**
(3)	**0**	**1**	**0**	**0**	**1**	**0**
(2)	**0**	**0**	**1**	**0**	**0**	**1**
(1)	**0**	**0**	**0**	**1**	**0**	**0**

从真值表得到

$$\begin{cases} D_4 = Y_{EX4} + Y_{EX3} = (Y'_{EX4} \cdot Y'_{EX3})' \\ D_3 = Y_{EX4} + Y_{EX2} = (Y'_{EX4} \cdot Y'_{EX2})' \end{cases}$$

输出编码的低3位 $D_2D_1D_0$ 由各片的输出 Y_2、Y_1、Y_0 的逻辑或运算产生。电路的连接如图4.31所示。

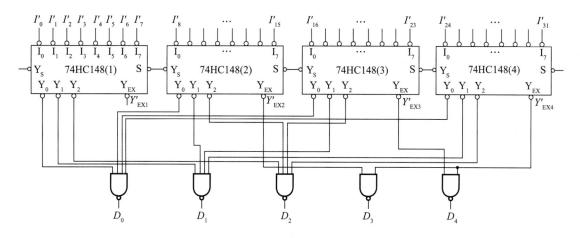

图 4.31

9. 某医院有一、二、三、四号病室4间,每室设有呼叫按钮,同时在护士值班室内对应地装有一号、二号、三号、四号4个指示灯。

现要求当一号病室的按钮被按下时,无论其他病室的按钮是否被按下,只有一号灯亮。当一号病室的按钮没有被按下而二号病室的按钮被按下时,无论三、四号病室的按钮是否被按下,只有二号灯亮。当一、二号病室的按钮都未被按下而三号病室的按钮被按下时,无论四号病室的按钮是否被按下,只有三号灯亮。只有在一、二、三号病室的按钮均未被按下而按下四号病室的按钮时,四号灯才亮。试用优先编码器74HC148和门电路设计满足上述控制要求的逻辑电路,给出控制四个指示灯状态的高、低电平信号。

解析 在逻辑抽象层面,设定低电平信号 A_1'、A_2'、A_3'、A_4' 分别代表一、二、三、四号病房的按钮被按下。这些信号接入74HC148优先编码器的 I_3'、I_2'、I_1'、I_0' 输入端后,编码器会根据按钮被按下的优先级(由高到低)在输出端 Y_2'、Y_1'、Y_0' 产生相应的二进制编码,如图4.32所示。

接下来,为了将编码器的输出转换为护士值班室指示灯的点亮信号,设定高电平表示指示灯 Z_1、Z_2、Z_3、Z_4 的点亮状态。这需要设计一个译码逻辑,将74HC148的输出编码映射为对应的指示灯信号 Z_1 至 Z_4 的高电平。通过构建逻辑真值表(见表4.22),可以清晰地展示这一映射关系,确保当特定病房的按钮被按下时,对应的值班室指示灯能够亮起。

表 4.22

A_1'	A_2'	A_3'	A_4'	Y_2'	Y_1'	Y_0'	Z_1	Z_2	Z_3	Z_4
0	×	×	×	1	0	0	1	0	0	0
1	0	×	×	1	0	1	0	1	0	0
1	1	0	×	1	1	0	0	0	1	0
1	1	1	0	1	1	1	0	0	0	1

由真值表可得

$$\begin{cases} Z_1 = Y_2'Y_1Y_0 \\ Z_2 = Y_2'Y_1Y_0' \\ Z_3 = Y_2'Y_1'Y_0 \\ Z_4 = Y_2'Y_1'Y_0' \end{cases}$$

据此即可画出图4.32所示的电路连接图。

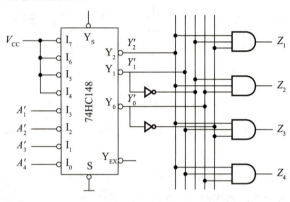

图 4.32

10、11. 略。

12. 试画出用3线–8线译码器74HC138和门电路产生如下多输出逻辑函数的逻辑图。

$$\begin{cases} Y_1 = AC \\ Y_2 = A'B'C + AB'C' + BC \\ Y_3 = B'C' + ABC' \end{cases}$$

解析 假设输入变量 A、B、C 分别接至74HC138的输入端 A_2、A_1、A_0，在它的输出端 $Y_0' \sim Y_7'$ 便给出了三变量全部8个最小项的反相输出 $m_0' \sim m_7'$。把给定的函数 Y_1、Y_2、Y_3 化为 $m_0' \sim m_7'$ 的表达式，则

$$\begin{cases} Y_1(A,B,C) = AC = AB'C + ABC = m_5 + m_7 = (m_5'm_7')' = (Y_5'Y_7')' \\ Y_2(A,B,C) = A'B'C + AB'C' + BC = A'B'C + A'BC + AB'C' + ABC \\ \qquad\qquad\quad = m_1 + m_3 + m_4 + m_7 = (m_1'm_3'm_4'm_7')' = (Y_1'Y_3'Y_4'Y_7')' \\ Y_3(A,B,C) = B'C' + ABC' = A'B'C' + AB'C' + ABC' \\ \qquad\qquad\quad = m_0 + m_4 + m_6 = (m_0'm_4'm_6')' = (Y_0'Y_4'Y_6')' \end{cases}$$

↳ 低电平输出有效，往往连接一个与非门；高电平输出有效，往往连接一个或门。以此来保证输出逻辑统一

逻辑电路图如图4.33所示。

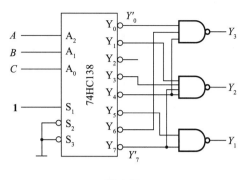

图 4.33

13. 略。

14. 用3线－8线译码器74HC138和门电路设计1位二进制全减器电路。输入为被减数、减数和来自低位的借位；输出为两数之差和向高位的借位信号。

解析 在1位全减器的逻辑设计中，设定 M_i 作为被减数，N_i 作为减数，B_{i-1} 代表从前一位借入的位，即低位借位。经过全减器处理后，得到的 D_i 表示当前位的差数，而 B_i 则代表是否需要向更高位借位，即高位借位。基于这些定义，我们可以构建1位全减器的真值表，如表4.23所示，该表详尽列出了所有可能的输入组合（M_i，N_i，B_{i-1}）与对应的输出（D_i，B_i）之间的关系。由真值表4.23得到 D_i 和 B_i 的逻辑式，并化成由译码器输出 $Y_0' \sim Y_7'$ 表示的形式，于是得到

$$\begin{cases} D_i = M_i'N_i'B_{i-1} + M_i'N_iB_{i-1}' + M_iN_i'B_{i-1}' + M_iN_iB_{i-1} = (Y_1'Y_2'Y_4'Y_7')' \\ B_i = M_i'N_i'B_{i-1} + M_i'N_iB_{i-1}' + M_i'N_iB_{i-1} + M_iN_iB_{i-1} = (Y_1'Y_2'Y_3'Y_7')' \end{cases}$$

表 4.23

M_i	N_i	B_{i-1}	D_i	B_i
0	0	0	0	0
0	0	1	1	1
0	1	0	1	1
0	1	1	0	1
1	0	0	1	0
1	0	1	0	0
1	1	0	0	0
1	1	1	1	1

根据上面得到的 D_i、B_i 的逻辑式，即可得到如图4.34的全减器电路。

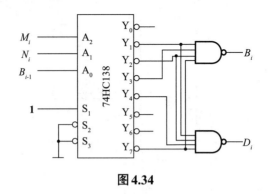

图 4.34

15. 略。

16. 分析图 4.35 所示电路，写出输出 Z 的逻辑函数式。74HC151 为 8 选 1 数据选择器。

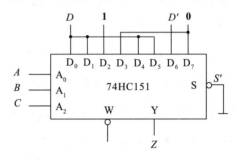

图 4.35

解析
$$Y = D_0(A_2'A_1'A_0') + D_1(A_2'A_1'A_0) + D_2(A_2'A_1A_0') + D_3(A_2'A_1A_0) + \\ D_4(A_2A_1'A_0') + D_5(A_2A_1'A_0) + D_6(A_2A_1A_0') + D_7(A_2A_1A_0)$$

将 $A_2 = C$、$A_1 = B$、$A_0 = A$、$D_0 = D_1 = D_4 = D_5 = D$、$D_6 = D'$、$D_2 = 1$、$D_3 = D_7 = 0$、$Y = Z$ 代入上式，得到
$$Z = DC'B'A' + DC'B'A + C'BA' + DCB'A' + DCB'A + D'CBA'$$

17. 略。

18. 试用 4 选 1 数据选择器产生逻辑函数
$$Y = AB'C' + A'C' + BC$$

解析 根据 4 选 1 选择器的输入、输出关系，将上述表达式按照 A、B 作为数据选择端，C 作为数据输入端展开可得
$$Y = A_1'A_0' \cdot D_0 + A_1'A_0 \cdot D_1 + A_1A_0' \cdot D_2 + A_1A_0 \cdot D_3 = A'B' \cdot C' + A'B \cdot 1 + AB' \cdot C' + AB \cdot C$$

其中 $A_1 = A$、$A_0 = B$、$D_0 = C'$、$D_1 = 1$、$D_2 = C'$、$D_3 = C$，如图 4.36 所示，则数据选择器的输出 Y 就是所要求产生的逻辑函数。

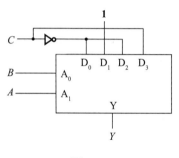

图 4.36

19~21. 略。

22. 人的血型有 A、B、AB、O 四种。输血时输血者的血型与受血者血型必须符合图 4.37 中用箭头指示的授受关系。试用数据选择器设计一个逻辑电路,判断输血者与受血者的血型是否符合上述规定。(提示:可以用两个逻辑变量的四种取值表示输血者的血型,用另外两个逻辑变量的四种取值表示受血者的血型。)

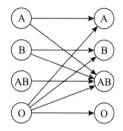

图 4.37

解析 首先,进行逻辑上的抽象化构建。设输入变量 M 与 N 代表输血者的四种可能血型,而 P 与 Q 则表示受血者的四种不同血型,如图 4.38(a)所示。引入一个输出变量 Z,其中 $Z=0$ 表明血型匹配,符合输血要求;$Z=1$ 则表示血型不匹配,不符合输血要求。基于这一设定,可以编制一张真值表(见表 4.24),详细列出 Z 与 M、N、P、Q 之间复杂的逻辑关系,以便进行后续的逻辑分析和电路设计。

表 4.24

M	N	P	Q	Z	M	N	P	Q	Z
0	0	0	0	0	1	0	0	0	1
0	0	0	1	1	1	0	0	1	1
0	0	1	0	0	1	0	1	0	0
0	0	1	1	1	1	0	1	1	1
0	1	0	0	1	1	1	0	0	0
0	1	0	1	0	1	1	0	1	0
0	1	1	0	0	1	1	1	0	0
0	1	1	1	1	1	1	1	1	0

由真值表 4.24 写出逻辑式为

$$Z = M'N'P'Q + M'N'PQ + M'NP'Q' + M'NPQ + MN'P'Q' + MN'P'Q + MN'PQ$$

采用8选1数据选择器作为上述逻辑函数发生器。这里补充8选1数据选择器的输入、输出关系

$$Y = A_2'A_1'A_0' \cdot D_0 + A_2'A_1'A_0 \cdot D_1 + A_2'A_1A_0' \cdot D_2 + A_2'A_1A_0 \cdot D_3 +$$
$$A_2A_1'A_0' \cdot D_4 + A_2A_1'A_0 \cdot D_5 + A_2A_1A_0' \cdot D_6 + A_2A_1A_0 \cdot D_7$$

将 M、N、P 作为数据选择端,Q 作为数据输入端,可得

$$Z = M'N'P' \cdot Q + M'N'P \cdot Q + M'NP' \cdot Q' + M'NP \cdot Q +$$
$$MN'P' \cdot 1 + MN'P \cdot Q + MNP' \cdot 0 + MNP \cdot 0$$

令 $A_2 = M$、$A_1 = N$、$A_0 = P$、$D_0 = D_1 = D_3 = D_5 = Q$、$D_2 = Q'$、$D_4 = 1$、$D_6 = D_7 = 0$,得逻辑电路图,如图4.38(b)所示。

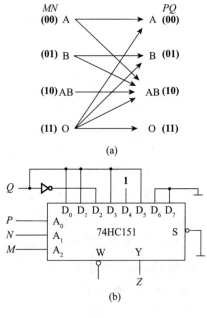

图4.38

23. 略。

24. 用8选1数据选择器设计一个函数发生器电路,它的功能表如表4.25所示。

表 **4.25**

S_1	S_0	Y
0	0	AB
0	1	$A+B$
1	0	$A \oplus B$
1	1	A'

解析 由功能表写出逻辑式

$$Y = S_1'S_0'AB + S_1'S_0(A+B) + S_1S_0'(AB' + A'B) + S_1S_0A'$$

结合8选1数据选择器的输出逻辑式,将要求产生的函数式化为与数据选择器输出函数式完全对应的形式,得到

$$Y = A_2'A_1'A_0' \cdot D_0 + A_2'A_1'A_0 \cdot D_1 + A_2'A_1A_0' \cdot D_2 + A_2'A_1A_0 \cdot D_3 + $$
$$A_2A_1'A_0' \cdot D_4 + A_2A_1'A_0 \cdot D_5 + A_2A_1A_0' \cdot D_6 + A_2A_1A_0 \cdot D_7$$
$$\Rightarrow Y = S_1'S_0'A' \cdot \mathbf{0} + S_1'S_0'A \cdot B + S_1'S_0A' \cdot B + S_1'S_0A \cdot \mathbf{1} + $$
$$S_1S_0'A' \cdot B + S_1S_0'A \cdot B' + S_1S_0A' \cdot \mathbf{1} + S_1S_0A \cdot \mathbf{0}$$

令74HC151的输入为 $A_2 = S_1$、$A_1 = S_0$、$A_0 = A$、$D_0 = D_7 = \mathbf{0}$、$D_1 = D_2 = D_4 = B$、$D_3 = D_6 = \mathbf{1}$、$D_5 = B'$,即得到如图4.39所示的电路。

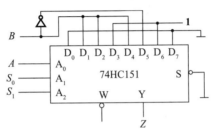

图 4.39

25. 试用4位并行加法器74LS283设计一个加/减运算电路。当控制信号 $M=0$ 时它将两个输入的4位二进制数相加,而当 $M=1$ 时它将两个输入的4位二进制数相减。两数相加的绝对值不大于15。允许附加必要的门电路。

解析 在处理二进制加减运算时,常采用补码形式来简化计算。对于加法操作,补码与原码相同,直接进行即可。而当执行减法时,则将减数视为负数,并求取其补码。结合题意,当 $M=0$ 时,$a_3a_2a_1a_0$ 和 $b_3b_2b_1b_0$ 相加,直接将两数加到74LS283的两组输入端即可;当 $M=1$ 时,要进行 $a_3a_2a_1a_0 - b_3b_2b_1b_0$ 的运算,则应将 $-b_3b_2b_1b_0$ 转为补码运算。为此,需将 $b_3b_2b_1b_0$ 的每一位求反,同时在最低位加 **1**。
在74LS283加法器上实现时,直接将两数(包括补码转换后的减数)送入其两组输入端即可完成运算。这种转换使得加减运算可以在同一硬件上高效执行,如图4.40所示。当 $M=0$ 时,$B_3B_2B_1B_0 = b_3b_2b_1b_0$,故得

$$S_3S_2S_1S_0 = a_3a_2a_1a_0 + b_3b_2b_1b_0$$

当 $M=1$ 时,$B_3B_2B_1B_0 = b_3'b_2'b_1'b_0'$,即每一位求反,而且这时还从进位输入端 CI 加入 **1**,故得

$$S_3S_2S_1S_0 = a_3a_2a_1a_0 + [b_3b_2b_1b_0]_{\text{补}} = a_3a_2a_1a_0 - b_3b_2b_1b_0$$

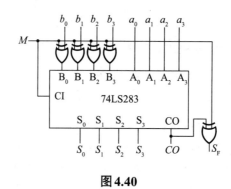

图 4.40

输出的和是补码形式。S_F 是和的符号位,和为正数时 $S_F = 0$,和为负数时 $S_F = 1$。

26、27. 略。

28. 若使用 4 位数值比较器 74LS85 组成 10 位数值比较器,需要用几片?各片之间应如何连接?

解析 需要用三片 74LS85,连接方法如图 4.41 所示。

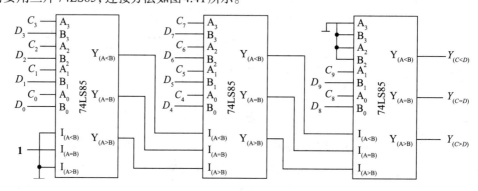

图 4.41

29~31. 略。

32. 试分析图 4.42 所示电路中,当 A、B、C、D 单独一个改变状态时是否存在竞争 – 冒险现象?如果存在竞争 – 冒险现象,那么都发生在其他变量为何种取值的情况下?

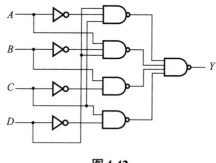

图 4.42

解析 由图 4.42 得到输出的逻辑式为

$$Y = A'CD + AB'D + BC' + CD'$$

①当 $B=\mathbf{0}$、$C=D=\mathbf{1}$ 时，输出逻辑式简化为

$$Y = A + A'$$

故 A 改变状态时存在竞争－冒险现象。

②当 $A=\mathbf{1}$、$C=\mathbf{0}$、$D=\mathbf{1}$ 时，输出逻辑式简化为

$$Y = B + B'$$

故 B 改变状态时存在竞争－冒险现象。

③当 $A=\mathbf{0}$、$B=D=\mathbf{1}$ 时，或者当 $A=×$、$B=\mathbf{1}$、$D=\mathbf{0}$ 时，输出的逻辑式简化为

$$Y = C + C'$$

故 C 改变状态时存在竞争－冒险现象。

④当 $A=\mathbf{1}$、$B=\mathbf{0}$、$C=\mathbf{1}$ 时，或者当 $A=\mathbf{0}$、$B=×$、$C=\mathbf{1}$ 时，输出逻辑式简化为

$$Y = D + D'$$

故 D 改变状态时存在竞争－冒险现象。

33~36. 略。

第五章 半导体存储电路(上)——触发器

本章深入阐述了触发器的基本原理与半导体存储器的核心知识,细分为触发器的结构及逻辑功能的多元分类、各自特性,以及半导体存储器的详尽分类、鲜明特点及广泛应用。在继承传统教材精髓的同时,本章特别强化了概念解析的深度与广度,以满足不同学习需求的考生。为便于考生构建清晰的知识脉络,特将"触发器"与"半导体存储器"两大板块独立成章,旨在促进理解的深入与系统性的掌握。作为数字电子技术学习不可或缺的基石,本章内容不仅是后续进阶学习的坚实支撑,也是各类考试考核的焦点所在。考生务必精通各类触发机制及其特点,熟悉主流触发器类型与应用场景,并深刻理解半导体存储器的分类体系、关键特性及其容量扩展策略与实际应用,以全面巩固理论基础,提升实践能力。

 划重点

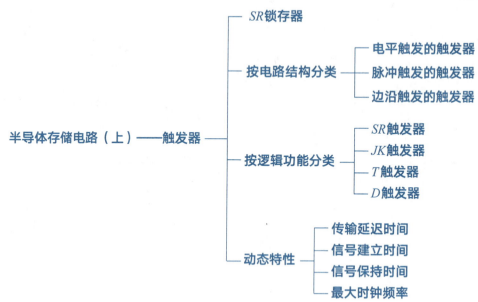

5.1 SR 锁存器

锁存器是一种对脉冲电平敏感的双稳态电路，具有 **0** 和 **1** 两个稳定状态，一旦状态被确定，就能自行保持，直到有外部特定输入脉冲电平作用在电路一定位置时，才有可能改变。这种特性可以用于保持和存储1位二进制数据。

基本 SR 锁存器的工作原理

用或非门构成的 SR 锁存器逻辑结构如图 5.1 所示。S 与 R 分别为置位端和复位端，Q 和 Q′ 为互补的两个输出端。基本 SR 锁存器的数据保持、置0和置1功能，是一个可实际应用的存储单元最基本的逻辑功能。

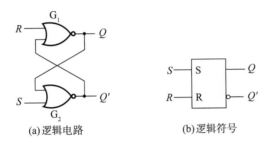

(a) 逻辑电路   (b) 逻辑符号

图 5.1

用或非门构成基本 SR 锁存器的功能表如表 5.1 所示。

表 5.1

S	R	Q	Q′	功能
0	0	不变	不变	保持
0	1	0	1	置0
1	0	1	0	置1
1	1	0	0	非定义状态

5.2 触发器按结构分类及其描述方法

一、电平触发

电平触发的 SR 触发器的结构图如图 5.2 所示。电平触发的触发器中，输入时钟信号控制触发器输出端是否受到输入端控制。以电平触发的 SR 触发器为例，只有当 $CLK=1$ 时，触发器状态才受输入信号的控制，其特性表如表 5.2 所示。

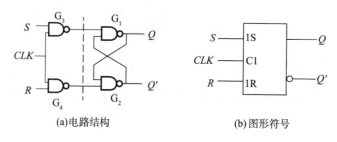

(a)电路结构　　　　(b)图形符号

图 5.2

表 5.2

CLK	S	R	Q	Q'
0	×	×	0	0
0	×	×	1	1
1	0	0	0	0
1	0	0	1	1
1	1	0	0	1
1	1	0	1	1
1	0	1	0	0
1	0	1	1	0
1	1	1	0	1①
1	1	1	1	1①

① CLK回到低电平后状态不定

电平触发器具有以下特点：

（1）触发器仅在时钟信号（CLK）达到其有效电平时，才会响应并接纳输入信号。此时，它会根据输入信号的逻辑值，将自身的输出状态调整至相应的逻辑电平。

（2）当CLK保持在高电平（即CLK=1）的整个期间内，无论是置位信号（S）还是复位信号（R）的任何变化，都有可能直接导致触发器输出状态的即时变更。然而，一旦CLK信号从高电平回落到低电平（即CLK=0），触发器将锁定并保持在CLK下降沿之前瞬间的输出状态，这一状态将被稳定地保存下来，直至下一次CLK有效电平的到来。

根据上述的动作特点可以想象到，如果在CLK=1期间S、R的状态多次发生变化，**那么触发器输出的状态也将发生多次翻转，这就降低了触发器的抗干扰能力。**

↳ 换句话说，这个触发器非常不稳定

二、脉冲触发

1.脉冲触发器的分类

（1）脉冲触发的SR触发器（主从SR触发器）。

脉冲触发 SR 触发器(主从 SR 触发器)典型结构形式如图 5.3 所示。它由两个同样的电平触发 SR 触发器组成，其中由 $G_1 \sim G_4$ 组成的触发器称为从触发器，由 $G_5 \sim G_8$ 组成的触发器称为主触发器。其特性表如表 5.3 所示。

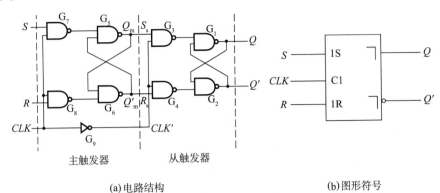

(a) 电路结构　　　　　　　　　(b) 图形符号

图 5.3

表 5.3

CLK	S	R	Q	Q'
×	×	×	×	Q
⎍	0	0	0	0
⎍	0	0	1	1
⎍	1	0	0	1
⎍	1	0	1	1
⎍	0	1	0	0
⎍	0	1	1	0
⎍	1	1	0	1①
⎍	1	1	1	1①

① CLK回到低电平后输出状态不定

(2) 脉冲触发的 JK 触发器(主从 JK 触发器)。

脉冲触发 JK 触发器(主从 JK 触发器)结构图如图 5.4 所示。由于将 Q、Q' 端反馈到了输入端，所以在 $Q=0$ 时主触发器只能接受置 1 信号，在 $Q=1$ 时主触发器只能接受置 0 信号。其结果就是在 $CLK=1$ 期间，主触发器只有可能翻转一次，且一旦翻转就不会翻回原来的状态。

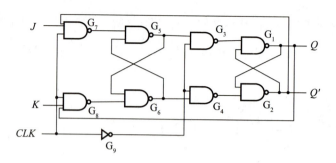

图 5.4

2. 脉冲触发器的特点

(1) 触发器的翻转分两步动作。

第一步,在 $CLK=1$ 期间主触发器接收输入端的信号被置成相应的状态,而从触发器不动;第二步,CLK 下降沿到来时从触发器按照主触发器的状态翻转,Q、Q' 端状态的改变发生在 CLK 的下降沿(若 CLK 以低电平为有效信号,则 Q 和 Q' 状态的变化发生在 CLK 的上升沿)。

(2) $CLK=1$ 的全部时间里输入信号都将对主触发器起控制作用。

鉴于主从结构触发器(包括但不限于主从 SR 触发器)的两个关键动作特性,实际应用中常会遇到一种特定情况:当 CLK 为高电平(即 $CLK=1$)期间,若输入信号发生了变动,则在 CLK 的下降沿到来时,从触发器的最终状态并非直接由该下降沿时刻的输入信号状态决定,而是需要综合考量整个 $CLK=1$ 期间内输入信号的所有变化历程。这意味着,触发器的状态更新是一个动态过程,它不仅关注于某一瞬时的输入,而是对输入信号在一段时间内的变化做出响应。因此,在设计和使用这类触发器时,必须仔细考虑并妥善处理输入信号在 CLK 有效周期内的变化,以确保触发器能够按照预期的逻辑正确运行。

→ 换句话说,这个触发器的状态难以确定。所以,需要一个既稳定,又易于分析状态的触发器,就是下面的"边沿触发器"。后续同学们设计电路的时候,推荐使用"边沿触发器"

三、边沿触发

边沿触发器的逻辑符号如图 5.5 所示。边沿触发器在时钟脉冲的正边沿(上升沿)或者负边沿(下降沿)上改变状态,并且只有在时钟的状态转换瞬间才对它的输入做出响应。常见的边沿触发器有边沿 D 触发器和边沿 JK 触发器。

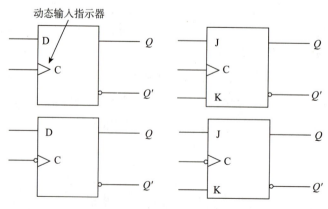

图 5.5

1. 边沿触发器的分类

(1) 边沿 D 触发器。

D 输入为同步输入。当 D 输入为高电平时,在时钟脉冲的触发边沿到来时,Q 输出为高电平,触发器被置位(置 **1**)。当 D 输入为低电平时,在时钟脉冲的触发边沿到来时,Q 输出为低电平,触发器被复位(置 **0**)。上升沿触发的 D 触发器的特性表如表 5.4 所示。

表 5.4

CLK	D	Q	Q'
×	×	×	Q
↑	0	0	0
↑	0	1	0
↑	1	0	1
↑	1	1	1

下降沿触发的 D 触发器的操作过程相同,状态转变发生在下降沿。

(2) 边沿 JK 触发器。

上升沿触发的 JK 触发器的真值表如表 5.5 所示。

① JK 触发器的输入为同步输入,数据仅在时钟脉冲的触发边沿到来时,输入传送到输出。

② J 为高电平、K 为低电平时,在时钟脉冲的触发边沿到来时,Q 输出为高电平,触发器置 **1**。

③ J 为低电平、K 为高电平时,在时钟脉冲的触发边沿到来时,Q 输出为低电平,触发器复位。

④ J 为低电平、K 为低电平时,在时钟脉冲的触发边沿到来时,触发器的输出不变,保持原状态。

⑤ J 为高电平、K 为高电平时,在时钟脉冲的触发边沿到来时,触发器的输出改变状态。这就被称为切换或翻转模式。

表 5.5

输入			输出		说明
J	K	CLK	Q^*	Q'	
0	0	↑	Q	Q'	保持
0	1	↑	0	1	复位
1	0	↑	1	0	置位
1	1	↑	Q'	Q	切换

2. 边沿触发器的特点

触发器的次态取决于时钟信号 CLK 的上升沿和下降沿到来时的输入状态。其他时刻，输入信号的变化对触发器的输出状态没有影响，从而提高了触发器的抗干扰能力和电路的工作可靠性。

5.3 触发器按逻辑功能的分类及其描述方法

一、触发器按逻辑功能的分类

1. SR 触发器

> 注意！一定要满足两个条件：条件一是在时钟信号作用下，条件二是符合对应的特性表

凡是在时钟信号的作用下逻辑功能符合表 5.6 所规定的逻辑功能者，无论触发方式如何，均称为 SR 触发器。值得注意的是，此前提到的 SR 锁存器电路不属于这里定义的 SR 触发器。在时序逻辑电路的设计与分析中，我们用的更多的是特性方程描述触发器的逻辑功能。

> SR 锁存器不受触发信号控制（即不受时钟控制，不满足条件一）。很多同学极其容易混淆，大家需要额外注意

SR 触发器的特性方程：

$$\begin{cases} Q^* = S + R'Q \\ SR = 0 \text{(约束条件)} \end{cases}$$

SR 触发器的特性表如表 5.6 所示。

表 5.6

S	R	Q	Q*
0	0	0	0
0	0	1	1
0	1	0	0
0	1	1	0
1	0	0	1
1	0	1	1
1	1	0	不定
1	1	1	不定

SR 触发器的状态转换图如图 5.6 所示。

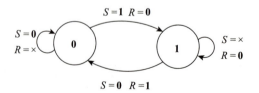

图 5.6

2. JK触发器

凡是在时钟信号的作用下逻辑功能符合表5.7所规定的逻辑功能者,无论触发方式如何,均称为JK触发器。

JK触发器的特性方程:

$$Q^* = JQ' + K'Q$$

JK触发器的特性表如表5.7所示。

JK触发器中,Q的次态与输出输入之间的关系,通过口诀记忆:00不变,11翻转,01与10输出同J

表5.7

J	K	Q	Q*
0	0	0	0
0	0	1	1
0	1	0	0
0	1	1	0
1	0	0	1
1	0	1	1
1	1	0	1
1	1	1	0

JK触发器的状态转换图如图5.7所示。

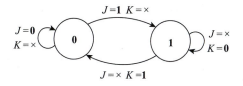

图5.7

3. T触发器

在某些应用场景中,需要一种特殊的触发器——T触发器。其工作逻辑为:当控制信号T被激活(即T=**1**)时,该触发器会在每个时钟脉冲到达时自动翻转其状态;相反,若控制信号T未被激活(即T=**0**),则不论时钟信号如何变化,触发器的状态都将保持不变。

T触发器的特性方程:

$$Q^* = TQ' + T'Q = T \oplus Q$$

T触发器的特性表如表5.8所示。

表 5.8

T	Q	Q^*
0	0	0
0	1	1
1	0	1
1	1	0

T 触发器的状态转换图如图 5.8 所示。

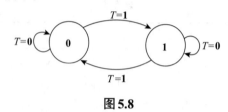

图 5.8

4. D 触发器

凡是在时钟信号作用下逻辑功能符合表 5.9 所规定的逻辑功能者,无论触发方式如何,均称为 D 触发器。

D 触发器的特性方程:

$$Q^* = D$$

D 触发器的特性表如表 5.9 所示。

表 5.9

D	Q	Q^*
0	0	0
0	1	0
1	0	1
1	1	1

D 触发器的状态转换图如图 5.9 所示。

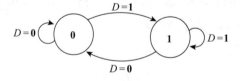

图 5.9

JK 触发器以其全面的逻辑功能著称,其特性表对比 SR 触发器与 T 触发器,展现出更强的灵活性。它不仅涵盖了 SR 触发器的置位与复位功能,还包含了 T 触发器的翻转特性,实现了逻辑功能的全面覆盖。

因此，在需要 SR 触发器或 T 触发器功能的场合，JK 触发器可作为更为通用和强大的替代选择，简化设计并提升系统灵活性。

二、触发器的电路结构与逻辑功能和触发方式之间的关系

电路结构和逻辑功能之间的关系：用同一种电路结构形式可以接成不同逻辑功能的触发器；反之，同样一种逻辑功能的触发器可以用不同的电路结构实现。

电路结构和触发方式之间的关系：电路结构形式与触发方式间有固定的对应关系。

(1) 凡采用同步 SR 结构的触发器，无论其逻辑功能如何，一定是电平触发方式。
(2) 凡采用主从 SR 结构的触发器，无论其逻辑功能如何，一定是脉冲触发方式。
(3) 凡采用两个电平触发 D 触发器结构、维持阻塞结构或者利用门电路传输延迟时间结构(这三种电路结构即是实现边沿触发的电路结构，了解即可)构成的触发器，无论其逻辑功能如何，一定是边沿触发方式。

5.4 触发器的动态特性

一、传输延迟时间

传输延迟时间是施加输入信号导致输出发生变化所需要的时间间隔。在触发器运算中，有4种重要的传输延迟时间：

(1) 传输延迟 t_{PLH}，从时钟脉冲的触发边沿至输出的低电平到高电平转换之间所测得的时间。这种延迟如图 5.10(a) 所示。

(2) 传输延迟 t_{PHL}，从时钟脉冲的触发边沿至输出的高电平到低电平转换之间所测得的时间。这种延迟如图 5.10(b) 所示。

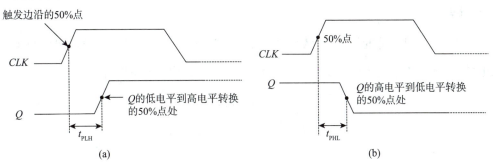

图 5.10

(3) 传输延迟 t_{PLH}，从预置位输入的前沿至输出的低电平到高电平转换之间所测得的时间。这种延迟如图 5.11(a) 所示，给出的是低电平有效预置位输入。

(4) 传输延迟 t_{PHL}，从清零输入的前沿至输出的高电平到低电平转换之间所测得的时间。这种延迟如图 5.11(b) 所示，给出的是低电平有效清零输入。

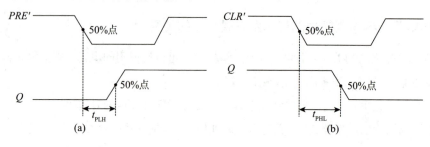

图 5.11

二、建立时间

建立时间 (t_{su}) 是输入先于时钟脉冲的触发边沿到来所需要的最小时间间隔，在此时间里输入（J 和 K，或者 D）的逻辑电平保持不变，这样就使得输入电平可靠地按时序进入触发器。这个时间间隔如图 5.12 中 D 触发器的情况所示。

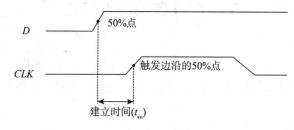

图 5.12

为了数据可靠地进入，在时钟脉冲的触发边沿到来之前，D 输入上的逻辑电平必须出现的提前时间等于或者大于 t_{su}。

三、保持时间

保持时间 (t_h) 是在时钟脉冲的触发边沿到来之后，输入上的逻辑电平需要保持的最小时间间隔，以使得输入电平可靠地按时序进入触发器。这个时间间隔如图 5.13 中的 D 触发器所示。

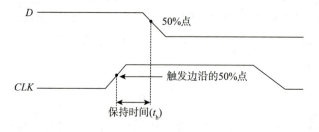

图 5.13

为了数据可靠地进入,在时钟脉冲的触发边沿到来之后,D 输入上的逻辑电平必须保持的时间等于或者大于 t_h。

四、最大时钟频率

最大时钟频率(f_{max})是触发器可以可靠触发的最高速率。对于在最大值之上的时钟频率,触发器将不能足够快地做出响应,并且运算功能也会减弱。

题型1 对触发器状态进行分析

破题小记一笔

对触发器进行状态分析,首先应确定触发器的触发方式,然后根据时钟信号、输入信号,代入触发器逻辑方程中,得到对应的状态即可。

例1 图 5.14(a) 所示的波形为 J、K 和时钟输入的电压波形。请确定 Q 输出,假设该触发器的初始状态为复位。

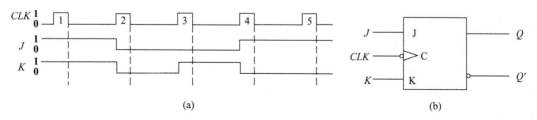

图 5.14

解析 如图 5.14(b) 中时钟输入处的小圆圈所示,这时对于一个下降沿触发的触发器,输出 Q 仅在时钟脉冲的下降沿改变。

① 在时钟脉冲 1 上,J 和 K 都是高电平,所以 Q 变为高电平。

② 在时钟脉冲 2 上,J 和 K 都是低电平,所以 Q 保持原本状态,为高电平。

③ 在时钟脉冲 3 上,J 为低电平,K 为高电平,结果就处于复位的情况,所以 Q 变为低电平。

④ 在时钟脉冲 4 上,J 为高电平,K 为低电平,结果就处于置位的情况,所以 Q 变为高电平。

⑤ 在时钟脉冲 5 上,J 和 K 仍然处于置位的情况,所以 Q 将保持在高电平。

输出 Q 波形如图 5.15 所示。

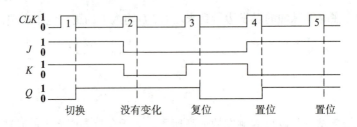

图 5.15

题型 2　利用触发器设计电路

破题小记一笔

利用触发器设计电路，需要将得到的逻辑函数匹配成触发器特性方程的形式，然后得到触发器输入端函数，最后连接即可。建议各触发器之间采用同步时钟信号连接方式。这里大家有个印象即可，后续章节将深入学习。

例2 试用T触发器和适当的组合逻辑实现JK触发器的逻辑功能。

解析 ① 用T触发器和适当的组合逻辑进行JK电路的实现时，首先要去了解T触发器和JK触发器的基本功能。

JK触发器的主要功能如下：

当$J=0$和$K=0$时，Q保持不变；

当$J=0$和$K=1$时，Q变为0；

当$J=1$和$K=0$时，Q变为1；

当$J=1$和$K=1$时，Q取反（即进行翻转）。

T触发器：T触发器的行为由T输入和时钟信号决定。

当$T=0$时，Q保持不变；

当$T=1$时，Q取反。

② 逻辑电路设计。

由于JK触发器具有两个输入端（即J和K），故使用T触发器作为其输入端。

当$J=0$和$K=0$时，触发器Q^{n+1}和Q^n一致，触发器为保持状态，此时T为0；

当$J=0$和$K=1$时，触发器Q^{n+1}和Q^n同时为0时，触发器为保持状态，T为0；

触发器Q^{n+1}为0，Q^n为1时，触发器时钟翻转，此时T为1；

当$J=1$和$K=0$时，触发器Q^{n+1}和Q^n同时为1时，触发器为保持状态，T为0；

触发器Q^{n+1}为1，Q^n为0时，触发器时钟翻转，此时T为1；

当$J=1$和$K=1$时，触发器时钟翻转，此时T为1。

得到的真值表如表5.10所示。

表5.10

J	K	Q^n	Q^{n+1}	T
0	0	0	0	0
0	0	1	1	0
0	1	0	0	0
0	1	1	0	1
1	0	0	1	1
1	0	1	1	0
1	1	0	1	1
1	1	1	0	1

然后根据真值表画出T端驱动逻辑的卡诺图，如图5.16(a)所示，进一步得到T触发器输入端的驱动方程

$$T = JQ' + KQ$$

最后根据T端的驱动方程画出用T触发器实现JK触发器逻辑功能的逻辑图，如图5.16(b)所示。

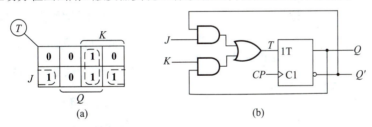

图5.16

③组合逻辑电路的验证方法有：真值表验证，波形图验证，逻辑函数验证等。目的在于，验证设计后的电路和原本题目要求实现的电路逻辑功能是否一致。这里不再赘述，同学们可自行验证。

综上所述，在用T触发器和适当的组合逻辑电路实现其功能时，方法并不唯一；也可以用两个T触发器作为JK触发器的输入端进行实现，这里就留给读者自行验证。

第五章 半导体存储电路（下）——存储器

严格意义上，本章节是第五章半导体存储电路（上）的后续内容。考虑到这两个知识点在考试过程中会存在一定的割裂性，所以作为两个部分单独学习。对于这一部分，同学们需要熟练掌握ROM和RAM的概念、分类以及特点；存储器容量的两种拓展方式；存储器实现组合逻辑函数。其中，第一点为考查重点，后两点为电路设计考查重点。

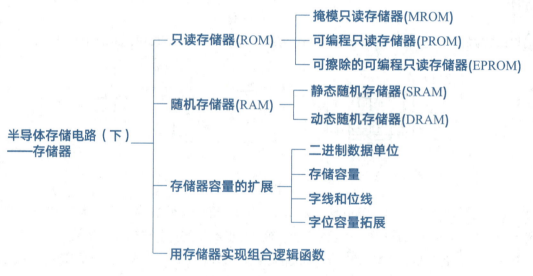

5.5 只读存储器

一、只读存储器结构组成

只读存储器的电路结构包含存储矩阵、地址译码器、输出缓冲器三个部分，其结构图如图5.17所示。

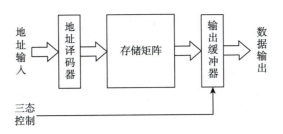

图 5.17

二、掩模只读存储器

出厂时其内部存储的信息就已经"固化",也称固定 ROM。它在使用时只能读出,不能写入,因此通常只用来存放固定数据、固定程序和函数表等。

三、可编程只读存储器

出厂时已经在存储矩阵的所有交叉点上全部制作了存储元件,即相当于在所有存储单元中都存入 **1**,在写入数据时只需设法将需要存入 **0** 的那些存储单元上的熔丝烧断即可。<u>PROM 的内容一经写入,不可修改。</u>

> PROM 内容写入时,相当于物理意义上的焊丝熔断,不可恢复

四、可擦除的可编程只读存储器

可擦除的可编程只读存储器的特点在于数据可由用户自行写入,并且可以擦除重写。常用可擦除的可编程只读存储器有以下几种,如表 5.11 所示。

表 5.11

种类	特点
EPROM	通过紫外线的照射可将 EPROM 存储的内容擦除,然后用编程器重新写入新的信息
E^2PROM	电信号擦除;制作 Flotox 管时,对隧道区氧化层的厚度、面积和耐压的要求都很严格;为提高擦除和写入的可靠性,保护隧道超薄氧化层,需附加选通管双管工作,因此限制了其集成度;擦除和写入时需提供高压脉冲,且擦、写的时间仍较长,因而仍只能工作在读出状态,做 ROM 使用
快闪存储器	快闪存储器既吸收了 UVEPROM 结构简单、编程可靠的优点,同时又保留了 E^2PROM 用隧道效应擦除的快捷特性,但一般仍只作 ROM 使用;快闪存储器的存储单元为单管结构,因而集成度可以做得很高;擦除和写入操作不需要编程器,且擦、写控制电路集成于存储器芯片中,只需 5 V 低压电源供电,使用极其方便

五、几种常见 ROM 对比

几种常见 ROM 的对比如表 5.12 所示。

表 5.12

	掩模只读存储器	EPROM	E²PROM	快闪存储器
非易失性	是	是	是	是
高密度	是	是	否	是
单管存储单元	是	是	否	是
在系统可写	否	否	是	是

六、ROM 特点

(1) ROM 中的信息可以随时读出，但不可以随时写入。

(2) 数据不易丢失，断电亦保存。 _{关于这一条，大家需要知道：随着ROM的发展，可编程 ROM已经改变了最初ROM的含义，既有读的功能，又有写的功能}

(3) ROM 工作时无须刷新。

(4) ROM 电路结构简单，集成度可以很高，宜批量生产，价格便宜。

(5) ROM 主要用来存储大量二值数据，容量不够时可扩展使用，并可用其实现简单的逻辑函数。

5.6 随机存储器

随机存取存储器也叫随机读/写存储器，可随时从任一指定存储单元读出数据，或将数据写入任一指定存储单元。**优点：读写方便，使用灵活；缺点：停电后数据全部丢失，不适合保存需要长期保存的数据**。

一、静态随机存储器

_{所谓的"静态"，是指这种存储器只要保持通电，里面储存的数据就可以长期保持}

静态随机存储器(SRAM)是随机存储器的一种，其结构图如图5.18所示。SRAM不需要刷新电路即能保存它内部存储的数据，**因此SRAM具有较高的性能**。缺点在于**它的集成度较低，功耗较DRAM大**，相同容量的DRAM内存可以设计为较小的体积，但是SRAM却需要很大的体积。同样面积的硅片可以做出更大容量的DRAM，因此SRAM**价格更贵**。 _{SRAM主要用于二级高速缓存，它利用晶体管来存储数据}

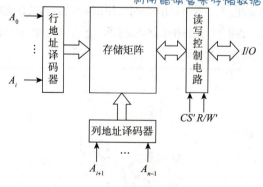

图 5.18

二、动态随机存储器

> 动态随机存储器(DRAM)里面所储存的数据需
> 要周期性地动态更新

动态随机存储器(DRAM)利用MOS管栅级电容可以存储电荷为原理制成。与SRAM相比，DRAM的优势在于**结构简单**——每一个比特的数据都只需一个电容跟一个晶体管，相比之下在SRAM上一个比特通常需要六个晶体管。因此，DRAM拥有<u>非常高的密度</u>，单位体积的容量较高，因此<u>成本较低</u>。但DRAM的访问速度较慢，耗电量较大。

5.7 ROM与RAM对比汇总

ROM与RAM的对比如表5.13所示。

表5.13

	ROM	RAM
功能特点	(1)在正常工作状态下只能从中读取数据，不能快速地随时修改或重新写入数据。(2)在断电后只读存储器的数据不会丢失	(1)在正常工作状态下就可以随时快速地向存储器中写入数据或从中读取数据。(2)在断电后随机存取器的数据会丢失
使用场景	适用于存储固定数据	不适合保存需要长期保存的数据
电路结构组成	包括存储矩阵、地址译码器和输出缓冲器三个部分	包括存储矩阵、地址译码器和读/写控制(输入/输出)电路三个部分
制作成本	较RAM低	较ROM高

5.8 存储器容量的扩展

一、二进制数据单位

二进制数据的单位：位、字节、半字节和字。

二进制数据的最小单位是位(bit/b)，用来表达一个二进制信息"**1**"或"**0**"。一个字节(byte/Byte/B)由8个信息位组成，通常作为一个存储单元。而半字节(nibble)是字节的一半，即包含4个位。

$$一个字节(B) = 8 位(b)$$

此外，当存储容量较大时，字数通常用K、M、G或T为单位。其中 1 KB=2^{10} B=1 024 B，1 MB = 2^{20} B = 1 024 KB，1 GB = 2^{30} B = 1 024 MB，1 TB = 2^{40} B = 1 024 GB。

二、存储容量

在多位数据并行输出的存储器中,通常将并行输出的一组数据叫作一个"字"(word),存储器的每个地址中存放一个字。存储器的容量用存储单元的数量表示,通常写成"(字数)×(每个字的位数)"的形式。存储器的存储容量可以通过以下公式进行计算:

$$存储器容量 = 字 \times 位线数 = 2^n \times m (位)$$

其中,n 为输入地址位数,又称字线数;m 为位线数。例如一个容量为 256×4 位的存储器,有256个字,每个字的位数(位线数)为4,并且可以得到输入地址位数为8。

$2^8 = 256$

不是字线数

三、字线和位线

字线与地址译码器相关。存储器中的地址译码器有多条地址输入线和译码输出线,每一条译码输出线都被称为"字线"。字线与存储矩阵中的一个"字"相对应。当给定一组输入地址后,译码器只有一条输出字线被选中,该字线可以在存储矩阵中找到一个相应的"字",并将字中的信息送至输出缓冲器。**位线常被称为数据线**。它与存储矩阵的输出相关,每个字中数据的位数称为"字长",读出这些数据的每条数据输出线就是位线。

四、位扩展方式

将存储器的所有地址线、读写控制线 R/W'、片选信号线 CS' 分别并联在一起,每一片的输出分别作为整个扩展后存储器输入/输出数据端的一位。

五、字扩展方式

字扩展通常利用外加译码器控制存储芯片的片选信号端来得到附加地址线,其余的所有地址线、读写控制线 R/W'、数据输出端分别并联在一起。

六、字位同时扩展

字位同时扩展一般先进行位扩展,得到位扩展后的存储器,再对其进行字扩展得到指定字数和位数的存储器。

5.9 用存储器实现组合逻辑函数

设计步骤如下:

(1) 分析问题要求,设定逻辑变量。

(2) 根据逻辑关系列真值表。

（3）根据真值表得到逻辑表达式，并化为标准与或表达式。
（4）画出ROM存储矩阵结点连接图即点阵图。

题型 3　存储容量的扩展

例3　试用 $1\,024\times 2$ 位 RAM 扩展成 $1\,024\times 6$ 位存储器。

解析　根据题意，我们能够发现，"字"数是一样的，"位"数不同，所以需要进行"位"扩展。只需将几片芯片的字线连接一起，位线单独引出即可。逻辑图如图 5.19 所示。

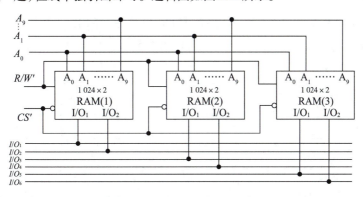

图 5.19

例4　用 2 片 $1\,K\times 8$ 位存储芯片组成 $2\,K\times 8$ 位的存储器。

解析　根据题意，需要进行字扩展。原芯片有 10 根字线，扩展后有 11 根字线。因此，将两片芯片 10 根字线连接在一起，单独引出一条最高位字线，连接芯片的片选端 CS' 即可，片内地址如表 5.14 所示。逻辑图如图 5.20 所示。

表5.14

芯片号	地址范围	片选 A_{10}	片内地址 $A_9 A_8 \cdots A_0$
0	最低地址	0	0000000000
	最高地址	0	1111111111
1	最低地址	1	0000000000
	最高地址	1	1111111111

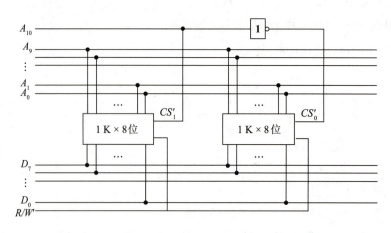

图 5.20

例 5 用 8 片 1K×4 位 存储芯片组成 4K×8 位存储器。

解析 根据题意,需要同时进行字扩展和位扩展。先进行位扩展:将 1K×4 位扩展成 1K×8 位;再进行位扩展:将 1K×8 位扩展成 4K×8 位即可。逻辑图如图 5.21 所示。

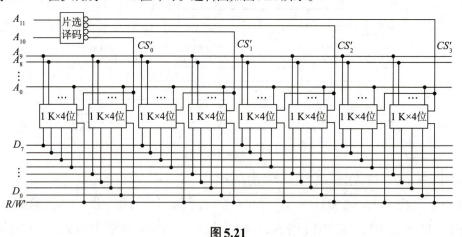

图 5.21

题型 4 实现组合逻辑函数

例 6 试用 ROM 构成能实现函数 $y = x^2$ 的运算表电路,x 的取值范围为 0~9 的正整数。

解析 根据题意列出函数运算表,如表 5.15 所示。

> 自变量 x 的取值范围为 0~9 的正整数,则可将 x 表示成 4 位二进制数 $A_3A_2A_1A_0$,$y = x^2$,则 y 的最大值为 81,可用 7 位二进制数 $Y_6Y_5Y_4Y_3Y_2Y_1Y_0$ 表示

表 5.15

输入				输出							y
A_3	A_2	A_1	A_0	Y_6	Y_5	Y_4	Y_3	Y_2	Y_1	Y_0	
0	0	0	0	0	0	0	0	0	0	0	0
0	0	0	1	0	0	0	0	0	0	1	1
0	0	1	0	0	0	0	0	1	0	0	4
0	0	1	1	0	0	0	1	0	0	1	9
0	1	0	0	0	0	1	0	0	0	0	16
0	1	0	1	0	0	1	1	0	0	1	25
0	1	1	0	0	1	0	0	1	0	0	36
0	1	1	1	0	1	1	0	0	0	1	49
1	0	0	0	1	0	0	0	0	0	0	64
1	0	0	1	1	0	1	0	0	0	1	81

得到

$$Y_6 = m_8 + m_9$$

$$Y_5 = m_6 + m_7$$

$$Y_4 = m_4 + m_5 + m_7 + m_9$$

$$Y_3 = m_3 + m_5$$

$$Y_2 = m_2 + m_6$$

$$Y_1 = 0$$

$$Y_0 = m_1 + m_3 + m_5 + m_7 + m_9$$

用 ROM 的存储矩阵连接图表示，如图 5.22 所示。

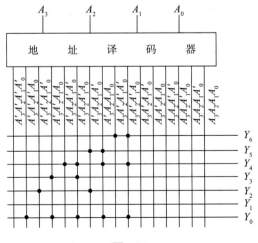

图 5.22

解习题

1. 画出如图 5.23(a) 所示由与非门组成的 SR 锁存器输出端 Q、Q' 的电压波形，输入端 S'_D、R'_D 的电压波形如图 5.23(b) 所示。

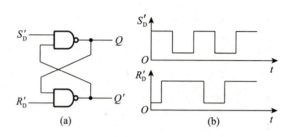

图 5.23

解析 基于 SR 锁存器的触发特性，绘制出相应的输出端波形图，如图 5.24 所示。

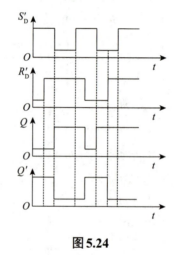

图 5.24

2~6. 略。

7. 已知边沿触发器输入端 D 和时钟信号 CLK 的电压波形如图 5.25 所示，试画出 Q 和 Q' 端对应的电压波形。假定触发器的初始状态为 $Q=0$。

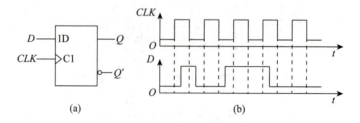

图 5.25

解析 根据题目要求，该 D 触发器为边沿触发类型，具体是在时钟信号的上升沿进行触发。基于这一特点，我们可以绘制出 D 触发器输出端的电压波形图。在时钟信号的每个上升沿到来时，D 触发器的输出 Q 会更新为此时 D 输入端的电平状态，并保持该状态直到下一个时钟上升沿的到来。因此，根据边沿 D 触发器触发方式特点，可画出输出端 Q、Q' 的电压波形，如图 5.26 所示。

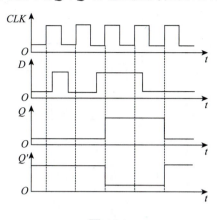

图 5.26

8. 已知边沿触发 D 触发器各输入端的电压波形如图 5.27 所示，试画出 Q、Q' 端对应的电压波形。

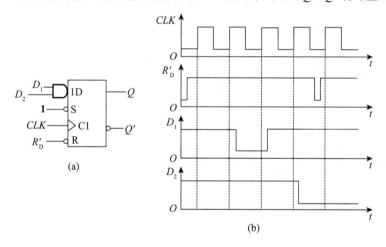

图 5.27

解析 根据题目要求，该 D 触发器为边沿触发类型，在时钟信号的上升沿进行触发。这意味着，只有当时钟信号从低电平跳变至高电平时（即上升沿发生），D 触发器的状态才会根据此时 D 输入端的电平值进行更新。输入信号 $D = D_1 D_2$，复位信号 R'_D 低电平有效。因此，根据边沿 D 触发器触发方式特点，可画出输出端 Q、Q' 的电压波形，如图 5.28 所示。

↙ 异步触发，只要 R'_D 出现低电平，触发器立即清零

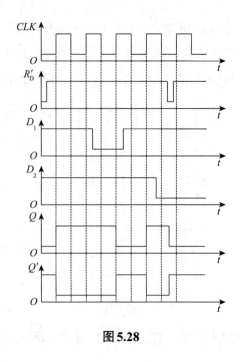

图5.28

9~11. 略。

12. 在脉冲触发 JK 触发器中,已知 J、K、CLK 端的电压波形如图5.29所示,试画出 Q、Q' 端对应的电压波形。设触发器的初始状态为 $Q=0$。

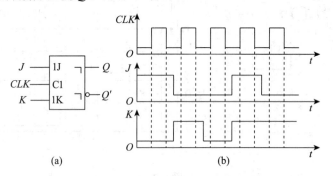

图5.29

解析 根据题目要求,JK 触发器采用脉冲触发方式,即主从触发机制。分析时,需分别考查时钟信号有效期间主触发器和从触发器的状态变化。考虑到"一次翻装"特性,即每次时钟脉冲仅允许主触发器状态翻转一次(若条件满足)。在时钟脉冲作用下,主触发器先根据 JK 输入预置状态,随后从触发器在时钟下降沿跟随主触发器状态变化。波形如图5.30所示。

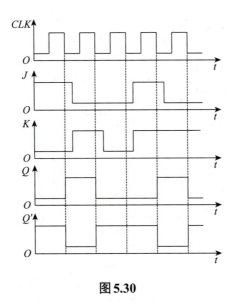

图 5.30

13~17. 略。

18. 设图 5.31 中各触发器的初始状态皆为 $Q=0$，试画出在 CLK 信号连续作用下各触发器输出端的电压波形。

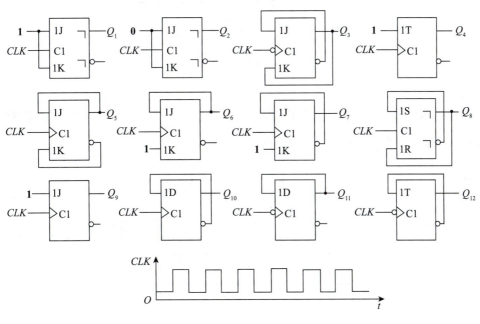

图 5.31

解析 根据 SR、JK、D、T 触发器的触发特性，可以得出输出端 Q 的电压波形，如图 5.32 所示。

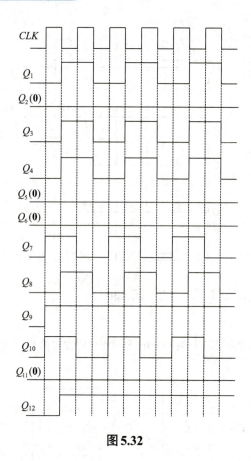

图 5.32

19. 略。

20. 试画出如图 5.33 所示电路在图中所示 CLK、R'_D 信号作用下 Q_1、Q_2、Q_3 的输出电压波形,并说明 Q_1、Q_2、Q_3 输出信号的频率与 CLK 信号频率之间的关系。

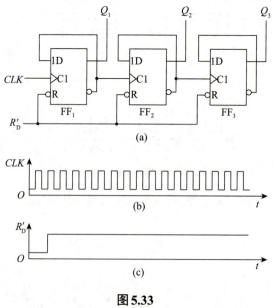

图 5.33

解析 根据题目电路图，FF_1 时钟上升沿触发；FF_2 时钟信号连接在 FF_1 输出端 Q_1'，在 Q_1' 上升沿触发（即 Q_1 下降沿）；FF_3 时钟信号连接在 FF_2 输出端 Q_2'，在 Q_2' 上升沿触发（即 Q_2 下降沿）。此外，根据 FF_1、FF_2、FF_3 的连接方式可以得到，D 触发器在每个有效时钟信号到来后执行状态翻转。因此，可以画出波形图，如图 5.34 所示。

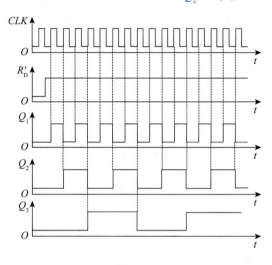

图 5.34

由图 5.34 可见，若输入的 CLK 频率为 f_0，则 Q_1、Q_2、Q_3 输出脉冲的频率依次为 $\frac{1}{2}f_0$、$\frac{1}{4}f_0$、$\frac{1}{8}f_0$。该电路为分频器电路，可输出二分频、四分频、八分频信号。

21. 试画出图 5.35 所示电路在一系列 CLK 信号作用下 Q_1、Q_2、Q_3 端输出电压的波形，并说明 Q_1、Q_2、Q_3 输出脉冲的频率与 CLK 信号频率之间的关系。触发器均为边沿触发方式，初始状态为 $Q=0$。

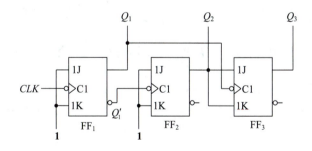

图 5.35

解析 根据题目电路图，FF_1 时钟下降沿触发；FF_2 时钟信号连接在 FF_1 输出端 Q_1'，在 Q_1' 下降沿触发（即 Q_1 上升沿）；FF_3 时钟信号连接在 FF_2 输出端 Q_2，在 Q_2 下降沿触发。此外，FF_1 和 FF_2 接成了 T 触发器的 $T=1$ 状态，在每个有效时钟信号到来后执行状态翻转，即 $Q^*=Q'$。而 FF_3 的输入为 $J=K=Q_2$，所以当 $Q_2=1$ 时，FF_3 有时钟信号到达则状态翻转；而当 $Q_2=0$ 时，即使有时钟信号到来，FF_3 状态仍保持不变。因此，可以画出波形图，如图5.36所示。

CLK 信号频率与 Q_1、Q_2、Q_3 输出脉冲频率之比为 $8:4:2:1$。

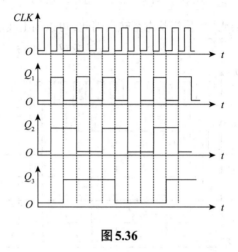

图 5.36

22. 略。

23. 图5.37所示为用边沿触发 D 触发器组成的脉冲分频电路。试画出在一系列 CLK 脉冲作用下输出端 Y 对应的电压波形。设触发器的初始状态均为 $Q=0$。

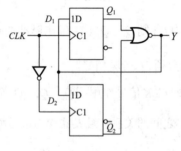

图 5.37

解析 第1个 CLK 上升沿到达前 $D_1=1$，CLK 上升沿到达后 $Q_1=1$。第1个 CLK 下降沿到达前 $D_2=0$，CLK 下降沿到达后 $Q_2=0$。

第2个 CLK 上升沿到达前 $D_1=0$，CLK 上升沿到达后 $Q_1=0$。第2个 CLK 下降沿到达前 $D_2=1$，CLK 下降沿到达后 $Q_2=1$。

第3个 CLK 上升沿到达前 $D_1=0$，CLK 上升沿到达后 $Q_1=0$。第3个 CLK 下降沿到达前 $D_2=0$，CLK 下降沿到达后 $Q_2=0$，电路回到初始的状态。

因为 $Y=(Q_1+Q_2)'$，所以由 Q_1 和 Q_2 的波形就可以画出 Y 的波形，如图5.38所示。

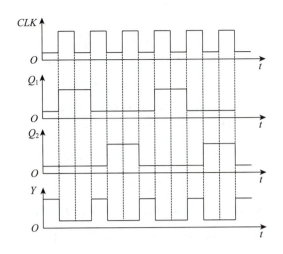

图5.38

24. 在如图5.39(a)所示的脉冲触发JK触发器电路中，CLK和A的电压波形如图5.39(b)所示，试画出Q端对应的电压波形。设触发器的初始状态为$Q=0$。

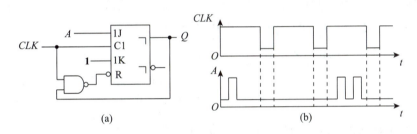

图5.39

解析 首先，明确JK触发器的电路逻辑设置：如图5.39(a)所示，K端为1，因此触发器的功能主要由J端（即$J=A$）的状态决定。同时，复位端（清零端）R' 被设定为无效状态。

接下来，按照时序分析触发器的行为：

①初始状态：在CLK信号变为高电平之前，初态$Q=0$。

②$CLK=1$时：当CLK信号变为高电平时，JK触发器的主触发器部分开始响应。由于$K=1$且$J=A$，而A此时被设定为1，根据JK触发器的逻辑规则，当$J=1$且$K=1$时（无论当前Q状态如何），主触发器都将被置为1。因此，在这个CLK周期的高电平期间，主触发器的输出为1。

③CLK下降沿：当CLK信号从高电平变为低电平时，主触发器的状态被传递到从触发器。所以在CLK下降沿之后，从触发器的输出Q也将变为1，同时Q'将变为0。

④异步置0：在CLK回到高电平后，产生一个低电平信号到复位端，触发JK触发器的异步置0功能。

波形图如图5.40所示。

> 总的来说，因为K始终为1，并且当$Q=0$时主触发器只会接受置1信号，所以只有在高电平期间出现$A=1$的情况，才会在低电平到来时产生高电平

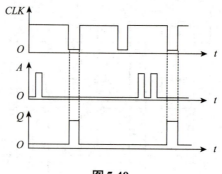

图 5.40

根据波形图可知,该电路可以在电平有效期间,对输入端 A 进行电平监控。若 A 端输入高电平信号,则输出端 Q 给出一个正脉冲;如果 A 端没有输入信号,则 Q 端始终为 **0**。

25~27. 略。

28. 某台计算机的内存储器设置有 32 位的地址线,16 位并行数据输入/输出端,试计算它的最大存储量是多少?

解析 二进制数据的最小单位是位(bit/b),它用来表达一个二进制信息 "**1**" 或 "**0**"。一个字节(byte/Byte/B)由 8 个信息位组成,通常作为一个存储单元,其中 1 B = 8 b。

存储器的最大存储量为 $2^{32} \times 16$ b $= 68.7 \times 10^9$ b $= 68.7$ Gb。

> 存储器容量 = 字×位线数 = $2^n \times m$(位),其中, n 为输入地址位数, m 为位线数

29. 略。

30. 试用两片 1 024×8 位的 ROM 组成 1 024×16 位的存储器。

解析 根据题意,我们能够发现,"字"数是一样的,"位"数不同,所以需要进行"位"扩展,逻辑图如图 5.41 所示。

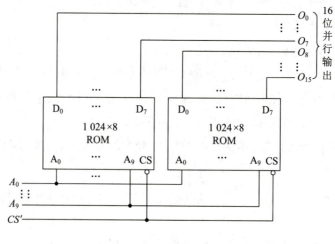

图 5.41

31. 试用4片4K×8位的RAM接成16K×8位的存储器。

解析 每一片4K×8位的RAM本身有12位地址输入代码$A_{11} \sim A_0$,可以区分其中的4 096个地址。将4片的输出端和地址输入端并联后,还需要借用CS'端区分4片的地址。为此,又增加了两位地址代码A_{12}和A_{13},并通过2线-4线译码器将$A_{13}A_{12}$的四种取值译成$Y_3' \sim Y_0'$四个低电平输出信号,分别控制4片的CS'端。电路接法如图5.42所示。

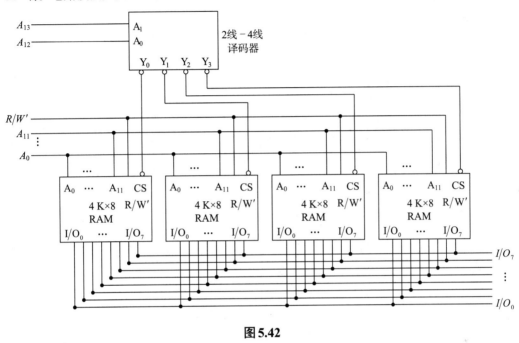

图5.42

32~36. 略。

37. 用ROM产生下列一组逻辑函数,写出ROM中应存入的数据表。

$$\begin{cases} Y_3 = A'B'CD' + AB'CD \\ Y_2 = ABD' + A'CD + AB'C'D' \\ Y_1 = AB'CD + BC'D \\ Y_0 = A'D' \end{cases}$$

解析 首先,将上式化为最小项之和的形式,对其进行展开。

$$\begin{cases} Y_3 = A'B'CD' + AB'CD = m_2 + m_{11} \\ Y_2 = A'B'CD + A'BCD + AB'C'D' + ABC'D' + ABCD' = m_3 + m_7 + m_8 + m_{12} + m_{14} \\ Y_1 = A'BC'D + AB'CD + ABC'D = m_5 + m_{10} + m_{13} \\ Y_0 = A'B'C'D' + A'B'CD' + A'BC'D' + A'BCD' = m_0 + m_2 + m_4 + m_6 \end{cases}$$

然后将A、B、C、D依次接至ROM的地址输入端A_3、A_2、A_1、A_0,并按表5.15给出的数据写入图5.43的ROM中,则在ROM的数据输出端D_3、D_2、D_1、D_0就得到了函数Y_3、Y_2、Y_1、Y_0,如表5.16所示。

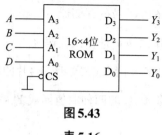

图 5.43

表 5.16

A_3 (A	A_2 B	A_1 C	A_0 D)	D_3 (Y_3	D_2 Y_2	D_1 Y_1	D_0 Y_0)
0	0	0	0	0	0	0	1
0	0	0	1	0	0	0	0
0	0	1	0	1	0	0	1
0	0	1	1	0	1	0	0
0	1	0	0	0	0	0	1
0	1	0	1	0	0	1	0
0	1	1	0	0	0	0	1
0	1	1	1	0	1	0	0
1	0	0	0	0	0	0	0
1	0	0	1	0	0	0	0
1	0	1	0	0	0	1	0
1	0	1	1	1	0	0	0
1	1	0	0	0	1	0	0
1	1	0	1	0	0	1	0
1	1	1	0	0	1	0	0
1	1	1	1	0	0	0	0

38、39. 略。

40. 用两片 1 024×8 位的 EPROM 接成一个数码转换器,将 10 位二进制数转换成等值的 4 位二 – 十进制数。

(1)试画出电路接线图,标明输入和输出;

(2)当地址输入 $A_9A_8A_7A_6A_5A_4A_3A_2A_1A_0$ 分别为 **0000000000**、**1000000000**、**1111111111** 时,两片 EPROM 中对应地址中的数据各为何值?

解析 (1)根据题意,需要将给定的10位二进制数转换为等值的8421BCD码,即利用8421BCD编码规则将这段二进制数转换为对应的四位二进制编码的十进制表示。电路接法如图5.44所示。

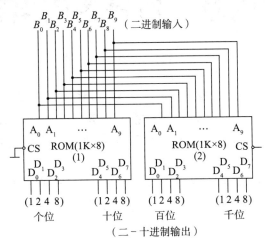

图5.44

(2)EPROM中对应的数据如表5.17所示。

表5.17

地址(二进制输入)										数据(二-十进制输出)															
										ROM(2)								ROM(1)							
A_9	A_8	A_7	A_6	A_5	A_4	A_3	A_2	A_1	A_0	D_7	D_6	D_5	D_4	D_3	D_2	D_1	D_0	D_7	D_6	D_5	D_4	D_3	D_2	D_1	D_0
0	0	0	0	0	0	0	0	0	0	0	0	0	0	0	0	0	0	0	0	0	0	0	0	0	0
1	0	0	0	0	0	0	0	0	0	0	0	0	0	0	1	0	1	0	0	0	1	0	0	1	0
1	1	1	1	1	1	1	1	1	1	0	0	0	1	0	0	0	0	0	0	1	0	0	0	1	1

第六章　时序逻辑电路

本章在数字电子技术中占据重要地位，系统而深入地介绍了时序逻辑电路的基本概念、工作原理、分析方法及设计方法。内容涵盖广泛，从常见的时序逻辑电路原理到实际应用，再到同步与异步时序逻辑电路的设计与分析，都进行了详尽的阐述。

对于学习中的难点，章节中不仅提供了详细的理论解释，而且辅以讲解视频，帮助考生从不同角度理解和掌握知识，旨在满足不同考生的学习需求，提升学习效率，考生可按需使用。

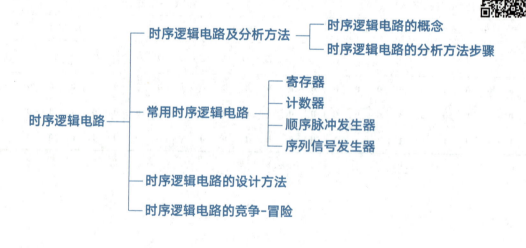

6.1 时序逻辑电路及分析方法

一、时序逻辑电路的概念

 组合逻辑电路和时序逻辑电路的区别，各位同学一定要掌握

任一时刻的输出信号不仅取决于当时的输入信号，还取决于电路原来的状态，这样的电路称为时序逻辑电路，又叫状态机、有限状态机或算法状态机。和组合逻辑电路相比，时序逻辑电路的输出不仅取决

于当前的输入信号，还取决于电路原来的状态，这意味着时序逻辑电路具有**记忆功能**，其输出状态会在时钟信号的触发下发生变化，<u>时序逻辑电路广泛应用于需要存储或记忆功能的数字系统中</u>。组合逻辑电路的输出仅取决于当前的输入信号，与电路原来的状态无关，这意味着，一旦输入信号发生变化，输出信号也会立即变化，<u>组合逻辑电路通常用于实现特定的布尔函数</u>。

二、时序逻辑电路的分析方法步骤

(1) 根据给定的同步时序电路写出下列逻辑方程(组)：

第一个和第三个推导出同步时序电路中全部组合电路的特性，而第二个则推导出电路的状态转换特性

① 对每个触发器写出激励方程，组成激励方程(组)；
② 将各触发器的激励方程代入相应触发器的特性方程，得到各触发器的转换方程，组成转换方程(组)；
③ 对应每个输出变量写出输出方程，组成输出方程(组)。

(2) 根据转换方程组和输出方程组，列出电路的转换表或状态表，画出状态图和时序图。

(3) 确定电路的逻辑功能，必要的话，可用文字详细描述。

上述步骤是分析同步时序电路的一般化过程，实际分析中可根据具体情况增、减执行，最终明确电路的功能即可。换而言之，就是①根据电路图列三个方程；②根据方程，画出电路的状态转换表、状态转换图、时序图；③确定电路的逻辑功能。<u>这也是高频考点之一</u>。

6.2 若干常用时序逻辑电路

一、寄存器

寄存器是数字系统中用来存储二进制数据的逻辑部件。1个触发器可存储1位二进制数据，存储 N 位二进制数据的寄存器需要由 N 个触发器组成。下面介绍两种移位寄存器。

1. 基本移位寄存器

如果将若干个触发器级联成如图6.1所示电路，则构成基本移位寄存器。其功能表如表6.1所示，时序图如图6.2所示。

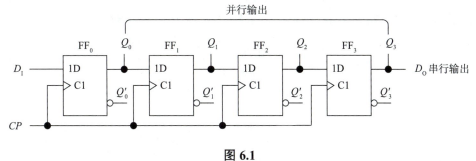

图 6.1

表 6.1

CP	Q_0	Q_1	Q_2	Q_3
第一个脉冲之前	×	×	×	×
1	D_3	×	×	×
2	D_2	D_3	×	×
3	D_1	D_2	D_3	×
4	D_0	D_1	D_2	D_3

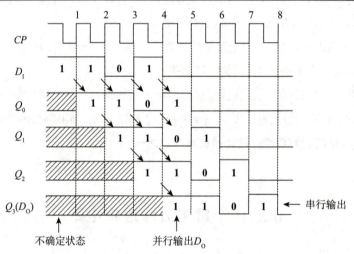

图 6.2

由于国家标准规定，逻辑图中最低有效位(LSB)到最高有效位(MSB)的电路排列顺序应从上到下，从左到右。因此，定义移位寄存器中的数据从低位触发器移向高位为右移，反之则为左移。这一点与通常计算机程序中的规定相反，后者从自然二进制数的排列考虑，将数据移向高位定义为左移，反之为右移。大家在复习过程中，对于74HC194A，只需掌握课本上"两片74HC194A沟通8位双向移位寄存器"和例题内容即可。

2. 双向移位寄存器

有时需要对移位寄存器的数据流向加以控制，实现数据的双向移动，其中一个方向称为右移，另一个方向则为左移，这种移位寄存器称为双向移位寄存器。

典型的双向移位寄存器如74HC194A，其结构图如图6.3所示，功能表如表6.2所示。

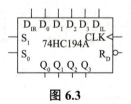

图 6.3

表 6.2

输入										输出				功能
清零	控制信号		时钟 CLK	串行输入		并行输入				Q_0^{n+1}	Q_1^{n+1}	Q_2^{n+1}	Q_3^{n+1}	
R_D'	S_1	S_0		右移 D_{IR}	左移 D_{IL}	D_{10}	D_{11}	D_{12}	D_{13}					
0	×	×	×	×	×	×	×	×	×	0	0	0	0	异步清零
1	0	0	×	×	×	×	×	×	×	Q_0^n	Q_1^n	Q_2^n	Q_3^n	保持
1	0	1	↑	0	×	×	×	×	×	0	Q_0^n	Q_1^n	Q_2^n	右移
1	0	1	↑	1	×	×	×	×	×	1	Q_0^n	Q_1^n	Q_2^n	右移
1	1	0	↑	×	0	×	×	×	×	Q_1^n	Q_2^n	Q_3^n	0	左移
1	1	0	↑	×	1	×	×	×	×	Q_1^n	Q_2^n	Q_3^n	1	左移
1	1	1	↑	×	×	D_{10}^*	D_{11}^*	D_{12}^*	D_{13}^*	D_{10}	D_{11}	D_{12}	D_{13}	同步并行置数

二、计数器

计数器用于脉冲计数、分频、定时、产生节拍脉冲、其他时序信号和脉冲序列,以及进行数字运算等。计数器的种类按照不同标准可做如下分类:

①按触发器动作分类,可分为同步计数器和异步计数器;

②按编码数值增减分类,可分为递增计数器、递减计数器和可逆计数器;

③按编码分类,可分为二进制码计数器、BCD 计数器、循环码计数器等。

1. 计数器的模

计数器运行时,从某一状态开始依次遍历各个状态后完成一次循环,所经过的状态总数称为计数器的模(Modulo),并用 M 表示。若某个计数器在 n 个状态下循环计数,通常称为模 n 计数器或 $M=n$ 计数器。有时也把模 n 计数器称为 n 进制计数器。

> 例如一个在60个不同状态中循环转换的计数器就可称为模60计数器或 $M=60$ 计数器

2. 同步计数器(N 位二进制)

计数脉冲作为时钟信号同时接于所有触发器的时钟脉冲输入端。在每次计数脉冲沿到来之前,根据当前计数器状态,利用组合逻辑电路产生触发器的激励条件。当计数脉冲沿到来时,所有应翻转的触发器同步翻转,同时,所有应保持原状态的触发器不发生变化。同步计数器能取得较高的计数速度,输出编码在进位时不易发生混乱。显然,同步计数器是一种同步时序电路。其功能表如表 6.3 所示。

> 异步计数器在纹波进位会产生延迟时间的积累,因此,输出编码可能会因为时间的积累产生混乱。这和竞争-冒险的产生原因有点类似

表 6.3

计数顺序	递增计数 $Q_3Q_2Q_1Q_0$	递减计数 $Q_3Q_2Q_1Q_0$
0	0000	0000
1	0001	1111
2	0010	1110
3	0011	1101
4	0100	1100
5	0101	1011
6	0110	1010
7	0111	1001
8	1000	1000
9	1001	0111
10	1010	0110
11	1011	0101
12	1100	0100
13	1101	0011
14	1110	0010
15	1111	0001
16	0000	0000

3. 74LS160/161 同步十进制/十六进制计数器

74LS160/161 如图 6.4 所示,功能表如表 6.4 所示。

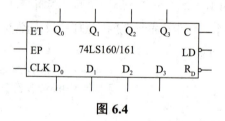

图 6.4

表 6.4

CLK	R'_D	LD'	EP	ET	工作状态
×	0	×	×	×	置零
↑	1	0	×	×	预置数
×	1	1	0	1	保持
×	1	1	×	0	保持(但 $C=0$)
↑	1	1	1	1	计数

当置数和清零端触发时，不需要EP/ET使能端有效，即可触发

此外，常考的同步计数器对比如表6.5所示。

表 6.5

芯片	进制	码制	清零方式	置数方式
74LS160	十进制	8421BCD	异步清零	同步置数
74LS161	十六进制	4位二进制	异步清零	同步置数
74LS162	十进制	8421BCD	同步清零	同步置数
74LS163	十六进制	4位二进制	同步清零	同步置数
74LS191	十六进制	4位二进制	—	异步置数
74LS193	十六进制	4位二进制	异步清零	异步置数

4.异步计数器(N位二进制)

按照二进制数自然递增或递减，编码的计数器称为二进制计数器(Binary Counter)，N位二进制计数器由N个触发器组成，模为2。当构成触发器的元器件时钟信号不统一时，称为异步。典型异步二进制计数器如图6.5所示。其时序图如图6.6所示。

→ 即触发器的时钟信号不是外接同一个时钟源

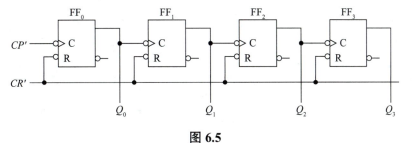

图 6.5

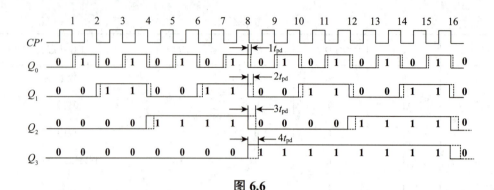

图 6.6

由于各触发器不在同一时间翻转，因此，若用这种计数器驱动组合逻辑电路，则可能出现瞬间错误的逻辑输出。例如，当计数值从 **0111** 加 1 时，$Q_3Q_2Q_1Q_0$ 要先后经过 **0110**、**0100**、**0000** 几个状态，才最终翻转为 **1000**。 ← 这也是时序逻辑电路的竞争-冒险

5. 环形计数器

如果按图 6.7 所示将移位寄存器首尾相接，那么在连续不断地输入时钟信号时，寄存器里的数据将循环右移，该计数器为环形计数器。

环形计数器的优点是电路结构极其简单。而且，在有效循环的每个状态只包含一个 **1**(或 **0**) 时，可以直接以各个触发器输出端的 **1** 状态表示电路的一个状态，不需要另外加译码电路。

← 所以，也不会存在竞争-冒险现象

它的主要缺点是没有充分利用电路的状态。用 n 位移位寄存器组成的环形计数器只用了 n 个状态，而电路总共有 2^n 个状态，这显然是一种浪费，如图 6.8 所示。

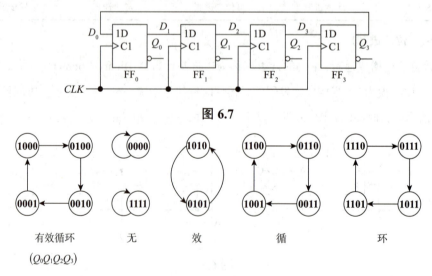

图 6.7

图 6.8

6. 扭环形计数器

如图 6.9 和图 6.10 所示，用 n 位移位寄存器构成的扭环形计数器可以得到含 $2n$ 个有效状态的循环，状

态利用率较环形计数器提高了一倍。而且，由于电路在每次状态转换时只有一个触发器改变状态，因而在将电路状态译码时不会产生竞争-冒险现象。

虽然扭环形计数器的电路状态利用率有所提高，但仍有 $2^n - 2n$ 个状态没有利用。使用最大长度移位寄存器型计数器可以将电路的状态利用率提高到 $2^n - 1$。

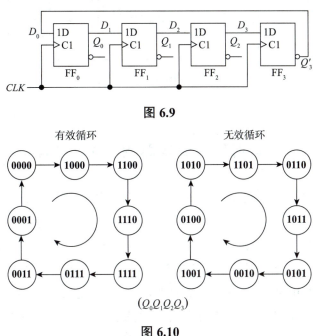

图 6.9

图 6.10

三、顺序脉冲发生器

在一些数字系统中，有时需要系统按照事先规定的顺序进行一系列的操作，这就要求系统的控制部分能给出一组在时间上有一定先后顺序的脉冲信号，再用这组脉冲形成所需要的各种控制信号。顺序脉冲发生器就是用来产生这样一组顺序脉冲的电路。图 6.11 所示为产生脉冲信号 **100110** 的电路。

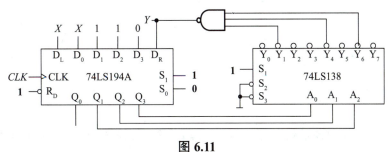

图 6.11

四、序列信号发生器

在数字信号的传输和数字系统的测试中，有时需要用到一组特定的串行数字信号，通常将这种串行数字信号称为序列信号，产生序列信号的电路称为序列信号发生器。

> 在电路设计中，序列信号发生器可采用计数器+门电路解决

6.3 时序逻辑电路的设计方法

设计同步时序逻辑电路的一般过程如图6.12所示。

图 6.12

6.4 时序逻辑电路的竞争-冒险

时序逻辑电路通常包含组合逻辑电路和存储电路两个组成部分,所以它的竞争-冒险也包含这两个部分。

①组合逻辑电路部分可能发生的竞争-冒险现象。这种由于竞争而产生的尖峰脉冲并不影响组合逻辑电路的稳态输出,但如果它被存储电路中的触发器接收,就可能引起触发器的误翻转,造成整个时序电路的误动作。消除组合逻辑电路中竞争-冒险现象的方法已在第四章提到,这里不再重复。

②存储电路(或触发器)工作过程中发生的竞争-冒险现象,这也是时序电路所特有的一个问题。在讨论触发器的动态特性时曾经指出,为了保证触发器可靠地翻转,输入信号和时钟信号在时间配合上应满足一定的要求。然而当输入信号和时钟信号同时改变,而且途经不同路径到达同一触发器时,便产生了竞争,竞争的结果有可能导致触发器误动作,这种现象称为存储电路(或触发器)的竞争-冒险现象。

斩题型

题型1 时序逻辑电路的分析

> **破题小记一笔**
> 时序逻辑电路的分析主要通过列出"三个方程",画出状态转换图/表/时序图等可视化结果,根据可视化结果分析电路功能即可。如有必要,可以将自启动情况详细说明。

例1 分析图6.13所示同步时序电路的逻辑功能。

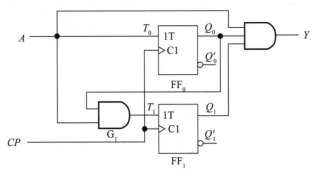

图 6.13

解析 由电路图可知,该电路是由两个触发器和两个与门组成的米利型同步时序电路。参考上面提到的分析方法,详细分析过程如下:

① 根据电路列出三个方程组。

驱动方程为

$$T_0 = A$$

$$T_1 = AQ_0$$

将驱动方程代入T触发器的特性方程 $Q^{n+1} = TQ'^n + T'Q^n$ 中,即得状态转换方程组:

$$Q_0^{n+1} = A \oplus Q_0^n$$

$$Q_1^{n+1} = (AQ_0^n) \oplus Q_1^n$$

输出方程组为

$$Y = AQ_1Q_0$$

② 列出转换表。

首先将电路可能出现的现态和输入变量在转换表6.6中列出,其中 Q_1^n,Q_0^n 表示现态;Q_1^{n+1},Q_0^{n+1} 表示次态;A 表示输入。然后将现态和输入逻辑值一一代入上述转换方程组和输出方程组,分别求出次态和输出逻辑值。例如,将 $Q_1^n = Q_0^n = A = 0$ 分别代入两个转换方程,得到 $Q_1^{n+1} = 0$ 和 $Q_0^{n+1} = 0$;将 $Q_1 = Q_0 = A = 0$ 代入输出方程,得到 $Y = AQ_1Q_0 = 0$。于是可在转换表"$Q_1^{n+1}Q_0^{n+1}/Y$"栏目下,"$A = 0$"这一列的第一行填入 **00/0**。其余以此类推,最后列出的转换表如表6.6所示。

表 6.6

$Q_1^n Q_0^n$	$Q_1^{n+1}Q_0^{n+1}/Y$	
	$A=0$	$A=1$
00	00/0	01/0
01	01/0	10/0
10	10/0	11/0
11	11/0	00/1

③画出状态图、时序图。

根据上一步给出的状态转换表可画出状态转换图，如图6.14所示。设电路的初始状态为 $Q_1Q_0=00$，根据转换表和状态图，可画出在一系列 CP 脉冲作用下电路的时序图，如图6.15所示。

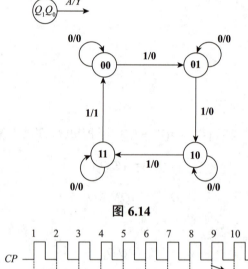

图 6.14

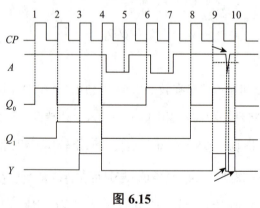

图 6.15

该电路亦可作为序列信号检测器，用来检测同步脉冲信号序列 A 中1的个数，一旦检测到四个1状态(这四个1状态可以不连续)，电路输出 Y 则出现一次从1到0的跳变

④逻辑功能分析。

观察状态图和时序图可知，图6.13的电路是一个由信号 A 控制的可控二进制计数器，CP 为计数脉冲。当 $A=0$ 时停止计数，电路状态保持不变；当 $A=1$ 时，在 CP 上升沿到来后电路状态值加1，一旦计数到11状态，Y 输出1，且电路状态将在下一个 CP 上升沿回到00。输出信号 Y 的下降沿可用于触发进位操作。

题型 2 计数器的分析和设计

> **破题小记一笔**
>
> 计数器的设计一般有两种方式:(1)通过集成电路芯片(如74LS160/161)设计,确定对应的清零或置数信号即可;(2)通过对应的触发器和门电路设计,根据状态转换图画出对应的次态真值表或次态卡诺图,然后列出次态方程表达式(状态方程、输入方程和输出方程)。根据方程,选择合适的触发器(推荐使用 D 触发器),连接电路即可。

例2 试分别画出利用下列方法构成的六进制计数器的连线图:
(1) 利用74LS161的异步清零功能;
(2) 利用74LS161的同步置数功能。

解析 根据题意,计数器模 $M=6$,十进制为 **0110**。

(1) 异步清零,清零码应选择 $S_M = $ **0110**,所以 $R_D = (Q_2 Q_1)'$,电路连线如图 6.16(a) 所示。

(2) 同步置数,取 $D_3 = D_2 = D_1 = D_0 = 0$,置数码应选择 $S_{M-1} = S_5 = $ **0101**,所以 $LD = (Q_2 Q_0)'$,电路连线如图 6.16(b) 所示。

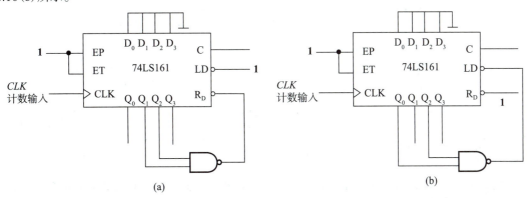

图 6.16

例3 设计一个异步计数器,使其模为12,具有从 **0000** 到 **1011** 的直接二进制序列。

解析 根据题目要求,当该计数器进入它的最后一个状态 **1011** 后,它就必须再循环回到 **0000** 而不是进入其正常的下一个状态 **1100**,如下面的序列图(见图 6.17)。

首先,确定触发器数量。由于3个触发器最多可以产生8个状态,因此就需要4个触发器来产生任何大于8而小于或者等于16的模。

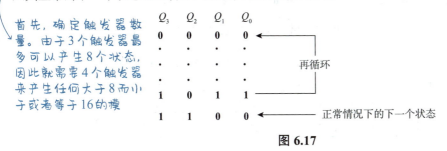

图 6.17

观察到 Q_0 和 Q_1 都变为 0,但是 Q_2 和 Q_3 都必须在第 12 个时钟脉冲上被迫转换为 0。如图 6.18(a) 给出了模 12 计数器。与非门部分译码计数值 12(**1100**),并且使触发器 2 和触发器 3 复位。因此,在第 12 个时钟脉冲上,计数器被迫从计数值 11 再循环回到计数值 0,如图 6.18(b) 中的时序图所示。(在 CLR' 上的假信号复位之前,计数器只在计数值 12 上停留几纳秒的时间。)

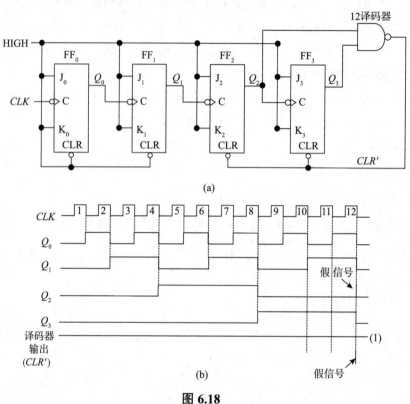

图 6.18

> **星峰点悟**
>
> 根据以上例题,能够发现采用 JK 触发器,设计成异步电路较为复杂。因此,设计计数器时,若采用集成芯片,推荐采用置数法;若采用触发器设计,推荐使用 D 触发器,设计同步时序逻辑电路。

题型 3 顺序脉冲发生器和序列信号发生器

例 4 由移位寄存器 74HC194A 和 74LS138 组成的电路如图 6.19 所示,试分析电路。

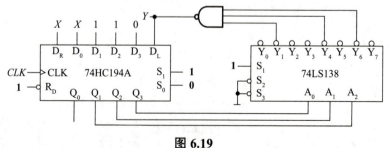

图 6.19

解析 由图可以看出74HC194A工作在左移状态，每个CLK周期74HC194A左移一位，同时D_L置入$Y = (Y_1'Y_4'Y_6')'$。

设初始状态$Q_1Q_2Q_3 = 110$，$Y_6' = 0$，$Y = 1$。

一个CLK周期后，$Q_1Q_2Q_3 = 101$，$Y_5' = 0$，$Y = 0$。

二个CLK周期后，$Q_1Q_2Q_3 = 010$，$Y_2' = 0$，$Y = 0$。

三个CLK周期后，$Q_1Q_2Q_3 = 100$，$Y_4' = 0$，$Y = 1$。

四个CLK周期后，$Q_1Q_2Q_3 = 001$，$Y_1' = 0$，$Y = 1$。

五个CLK周期后，$Q_1Q_2Q_3 = 011$，$Y_3' = 0$，$Y = 0$。

六个CLK周期后，$Q_1Q_2Q_3 = 110$，$Y_6' = 0$，$Y = 1$。

通过观察可知Y循环输出**100110**的顺序脉冲。

例5 设计一个序列信号发生器电路，使之在一系列CLK信号作用下能周期性地输出"**0010110111**"的序列信号。

解析 设计要求的序列为"**0010110111**"，共计十位数值信号，所以可使用一个十进制计数器，按序列顺序逐次产生数值信号，其输出状态和序列信号的对应关系如表6.7所示。

表 6.7

Q_3	Q_2	Q_1	Q_0	Z
0	0	0	0	0
0	0	0	1	0
0	0	1	0	1
0	0	1	1	0
0	1	0	0	1
0	1	0	1	1
0	1	1	0	0
0	1	1	1	1
1	0	0	0	1
1	0	0	1	1

由真值表写出Y与$Q_3Q_2Q_1Q_0$的逻辑式为

$$Y = Q_3'Q_2'Q_1Q_0' + Q_3'Q_2Q_1'Q_0' + Q_3'Q_2Q_1Q_0' + Q_3'Q_2Q_1Q_0 + Q_3Q_2'Q_1'Q_0' + Q_3Q_2'Q_1'Q_0$$
$$= Q_3 + Q_2Q_1' + Q_2Q_0 + Q_2'Q_1Q_0'$$

采用十进制计数器74LS160,画出电路图,如图6.20所示。

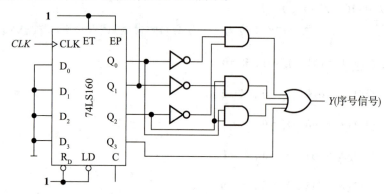

图 6.20

题型 4　时序逻辑电路的设计方法

> **破题小记一笔**
>
> 时序逻辑电路的设计,若题目没有特殊要求,建议设计为同步时序逻辑电路。

例6 试设计一序列编码检测器。当检测到输入信号出现**110**序列编码(按自左至右的顺序)时,电路输出为**1**,否则输出为**0**。要求用同步时序电路实现。

解析 ①由给定的逻辑功能建立原始状态图和原始状态表。

从给定的逻辑功能可知,电路有一个输入信号A和一个输出信号Y,一旦检测到信号A出现连续编码为**110**序列,输出**1**,检测到其他编码序列,则均输出**0**。

设电路的初始状态为a,如图6.21所示。在此状态下,电路输出$Y = 0$,这时的输入有$A = 0$和$A = 1$两种情况。当CP脉冲相应边沿到来时,若$A = 0$,应保持在状态a不变;若$A = 1$,则转向状态b,表示电路收到一个**1**。当在状态b时,若输入$A = 0$,则表明连续输入编码为**10**,不是**110**,则应回到初始状态a,重新开始检测;若$A = 1$,则进入状态c,表示已连续收到两个**1**。当在状态c时,若$A = 0$,表明已收到序列编码**110**,则输出$Y = 1$,并进入状态d;若$A = 1$,则收到的编码为**111**,应保持在状态c不变,看下一个编码输入是否为$A = 0$;由于尚未收到最后的**0**,故输出仍为**0**。在状态d,若输入$A = 0$,则应回到状态a,重新开始检测;若$A = 1$,电路应转向状态b,表示在收到**110**之后又重新收到一个**1**,已进入下一轮检测;在d状态下,无论A为何值,输出Y均为**0**。根据上述分析,可以得出如图6.21所示的原始状态图,原始状态表如表6.8所示。

↳ 因为下一个状态如果是0的话,则输入1110,其中后三位为110,符合题目的序列检测要求

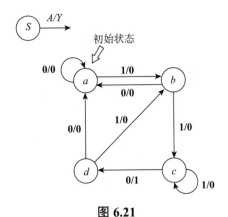

图 6.21

表 6.8

S^n	S^{n+1}/Y	
	$A=0$	$A=1$
a	a/0	b/0
b	a/0	c/0
c	d/1	c/0
d	a/0	b/0

②状态化简。

观察表6.8中 a 和 d 两行可以看出，在 $A=0$ 和 $A=1$ 时，分别具有相同的次态 a、b 及相同的输出 **0**，因此，a 和 d 是等价状态，可以合并。这里选择去除 d 状态，并将其他行中的次态 d 改为 a。于是，得到化简后的状态表如表6.9所示，状态图亦可作相应化简：若进入 c 状态，说明电路已连续接收到两个 **1**，这时输入若为 **0**，则意味着已接收到编码 **110**，下一步电路应回到初始状态 a，以准备新的一轮检测，原始状态图中的 d 状态显然是多余的。

表 6.9

S^n	S^{n+1}/Y	
	$A=0$	$A=1$
a	a/0	b/0
b	a/0	c/0
c	a/1	c/0

③状态分配。

化简后的状态有三个，可以用两位二进制代码组合（**00、01、10、11**）中的任意三个代码表示，用两个触发器组成电路。观察表6.9，当输入信号 $A=1$ 时，有 $a \to b \to c$ 的变化顺序；当 $A=0$ 时，又存在 $c \to a$ 的变化。综合两方面考虑，这里采取 **00→01→11→00** 的变化顺序，可能会使其中的组合电路相对简单。于是，令 $a=00$，$b=01$，$c=11$，状态分配后得到的状态图如图6.22所示。

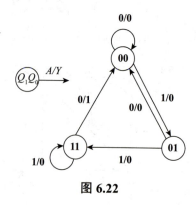

图 6.22

④选择触发器类型。

选用逻辑功能较强的 JK 触发器可得到较简化的组合电路。

⑤确定激励方程组和输出方程组图。

用 JK 触发器设计时序电路时,电路的激励方程需要间接导出。表 6.10 提供了 JK 触发器在不同现态和输入条件下所对应的次态。而在时序电路设计时,状态表已列出现态到次态的转换关系,希望推导出触发器的激励条件,所以需将特性表做适当变换。以给定的状态转换为条件,列出所需求的输入信号。根据表 6.9 建立的 JK 触发器激励表如表 6.11 所示,表中的 × 表示其逻辑值与该行的状态转换无关。

表 6.10

Q^n	Q^{n+1}	J	K
0	0	0	×
0	1	1	×
1	0	×	1
1	1	×	0

据此,分别画出两个触发器的输入 J、K 和电路输出 Y 的卡诺图,如图 6.23 所示,图中不使用的状态均以无关项 × 填入。化简后得到激励方程组为

$$\begin{cases} J_1 = AQ_0, & K_1 = A' \\ J_0 = A, & K_0 = A' \end{cases}$$

输出方程为

$$Y = A'Q_1$$

其功能表如表6.11所示。

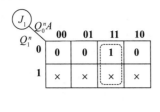

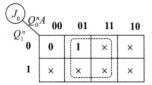

图 6.23

表 6.11

Q_1^n	Q_0^n	A	Q_1^{n+1}	Q_0^{n+1}	Y	激励信号			
						J_1	K_1	J_0	K_0
0	0	0	0	0	0	0	×	0	×
0	0	1	0	1	0	0	×	1	×
0	1	0	0	0	0	0	×	×	1
0	1	1	1	1	0	1	×	×	0
1	1	0	0	0	1	×	1	×	1
1	1	1	1	1	0	×	0	×	0

⑥画出逻辑图。

根据激励方程组和输出方程画出逻辑图，如图6.24所示。

⑦检查自启动能力。

最后还应检查该电路的自启动能力。当电路进入无效状态**10**后，由激励方程组和输出方程可知，若 $A=0$，则次态为**00**；若 $A=1$，则次态为**11**，电路能自动进入有效序列。但从输出来看，若电路在无效状态**10**，当 $A=0$ 时，输出错误地出现 $Y=1$。为此，需要对输出方程做适当修改，即将图6.23中输出信号 Y 的卡诺图里无关项 $Q_1Q_0'A'$ 不画在包围圈内，则输出方程变为 Q_1Q_0A'。根据此式对图6.24也做相应的修改即可。

如果发现所设计的电路不能自校正，则应修改设计。方法：在激励信号卡诺图的包围圈中，对无关项 × 的处理做适当修改，即原来取 1 圈入包围圈的，可试取 0 而不圈入包围圈，与上述对输出 Y 的处理方法类似。于是，得到新的激励方程组和逻辑图，然后再检查其自校正能力，直到能自校正为止。

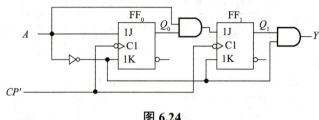

图 6.24

> **星峰点悟**
>
> 上述案例采用 JK 触发器设计，实际上，采用 D 触发器会使得电路更加简单整洁。若题目没有要求，推荐采用 D 触发器设计电路。

解习题

1. 分析图 6.25 时序电路的逻辑功能，写出电路的驱动方程、状态方程和输出方程，画出电路的状态转换图和时序图。

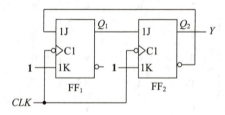

图 6.25

解析 根据电路图，该电路由两个 JK 触发器组成。因此，电路驱动方程为

$$\begin{cases} J_1 = Q_2', & K_1 = 1 \\ J_2 = Q_1, & K_2 = 1 \end{cases}$$

将驱动方程代入 JK 触发器的特性方程 $Q^* = JQ' + K'Q$，得到电路的状态方程为

$$\begin{cases} Q_1^* = Q_1'Q_2' \\ Q_2^* = Q_1Q_2' \end{cases}$$

根据电路可得，输出方程为

$$Y = Q_2$$

因此，根据状态方程与输出方程画出的状态转换图和时序图如图6.26所示。

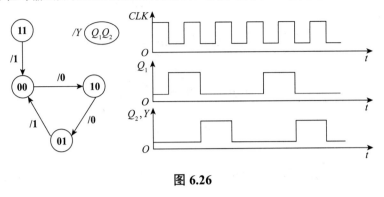

图 6.26

2. 略。

3. 分析图6.27时序电路的逻辑功能，写出电路的驱动方程、状态方程和输出方程，画出电路的状态转换图，说明电路能否自启动。

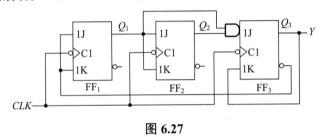

图 6.27

解析 根据电路图所示，该电路由三个JK触发器构成的同步时序逻辑电路，电路驱动方程为

$$\begin{cases} J_1 = K_1 = Q_3' \\ J_2 = K_2 = Q_1 \\ J_3 = Q_1Q_2, \ K_3 = Q_3 \end{cases}$$

将驱动方程代入JK触发器的特性方程 $Q^* = JQ' + K'Q$，得到状态方程为

$$\begin{cases} Q_1^* = Q_3'Q_1' + Q_3Q_1 = Q_3 \odot Q_1 \\ Q_2^* = Q_1Q_2' + Q_1'Q_2 = Q_2 \oplus Q_1 \\ Q_3^* = Q_1Q_2Q_3' \end{cases}$$

根据电路可得，输出方程为

$$Y = Q_3$$

根据状态方程和输出方程画出的状态转换图如图6.28所示。根据状态转换图可以发现，任意状态下，都可进入主循环中。因此，该电路能够自启动。

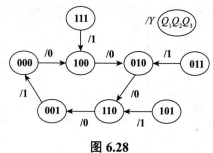

图 6.28

4. 略。

5. 试分析图 6.29 时序电路的逻辑功能,写出电路的驱动方程、状态方程和输出方程,画出电路的状态转换图。A 为输入逻辑变量。

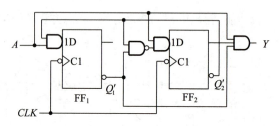

图 6.29

解析 根据电路图所示,该电路是由两个 D 触发器、四个与(非)门构成的同步时序逻辑电路,电路驱动方程为

$$\begin{cases} D_1 = AQ_2' \\ D_2 = A(Q_1'Q_2')' = A(Q_1 + Q_2) \end{cases}$$

将驱动方程代入 D 触发器的特性方程 $Q^* = D$,得到电路的状态方程为

$$\begin{cases} Q_1^* = AQ_2' \\ Q_2^* = A(Q_1 + Q_2) \end{cases}$$

根据电路可得,输出方程为

$$Y = AQ_1'Q_2$$

根据状态方程和输出方程画出的状态转换图如图 6.30 所示。

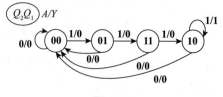

图 6.30

6、7. 略。

8. 分析图 6.31 电路，写出电路的驱动方程、状态方程和输出方程，画出电路的状态转换图。图中的 X、Y 分别表示输入逻辑变量和输出逻辑变量。

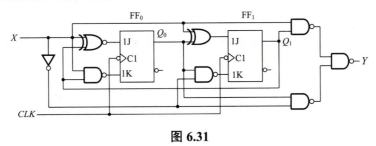

图 6.31

解析 根据电路图所示，该电路是由两个 JK 触发器、若干逻辑门构成的同步时序逻辑电路，电路驱动方程为

$$\begin{cases} J_0 = (X \oplus Q_1)', & K_0 = (XQ_1)' \\ J_1 = X \oplus Q_0, & K_1 = (X'Q_0)' \end{cases}$$

将驱动方程代入 JK 触发器的特性方程 $Q^* = JQ' + K'Q$，得到电路的状态方程为

$$\begin{cases} Q_0^* = (X \oplus Q_1)'Q_0' + (XQ_1)Q_0 \\ Q_1^* = (X \oplus Q_0)Q_1' + (X'Q_0)Q_1 \end{cases}$$

化简得到

一般考试时，若题目没有特殊要求，可以不化简。但是考虑到后续画图便捷性，将其化为最简形式为佳

$$\begin{cases} Q_0^* = X'Q_1'Q_0' + XQ_1 \\ Q_1^* = XQ_1'Q_0' + X'Q_0 \end{cases}$$

根据电路可得，输出方程为

$$Y = XQ_1 + X'Q_0$$

根据状态方程和输出方程画出的状态转换图如图 6.32 所示，根据状态转换图可得，该电路能够自启动。

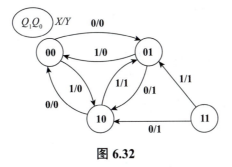

图 6.32

9. 略。

10. 在图 6.33 电路中，若两个移位寄存器中的原始数据分别为 $A_3A_2A_1A_0 = 1001$，$B_3B_2B_1B_0 = 0011$，CI 的初始值为 0，试问经过 4 个 CLK 信号作用以后两个寄存器中的数据如何？这个电路完成什么功能？

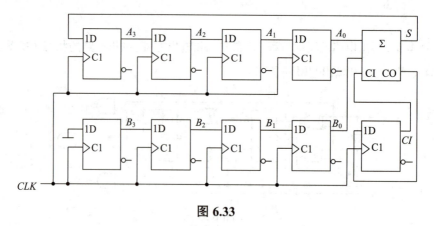

图 6.33

解析 经过4个时钟信号作用以后，两个寄存器里的数据分别为 $A_3A_2A_1A_0 = \mathbf{1100}$，$B_3B_2B_1B_0 = \mathbf{0000}$。这是一个4位串行加法器电路。$A$ 和 B 是两个加数，从低位开始相加，和送到移位寄存器中，向高位的进位通过一个 D 触发器送到全加器的 CI 端。

11. 分析图6.34的计数器电路，说明这是多少进制的计数器。

解析 根据电路图，采用的是同步置数法，置数信号 1001。当置数信号到来后，$LD' = 0$，触发置数。待下一个 CLK 脉冲到来时，将电路置成 $Q_3Q_2Q_1Q_0 = \mathbf{0011}$，重新(加法)计数。在 CLK 连续作用下，电路将在 0011～1001 这七个状态间循环，故电路为七进制计数器。

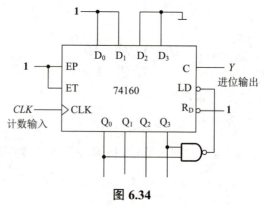

图 6.34

12. 分析图6.35的计数器电路，画出电路的状态转换图，说明这是多少进制的计数器。

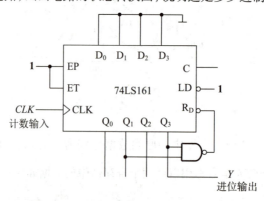

图 6.35

解析 根据电路图,采用的是异步清零法,清零信号 **1010**。当清零信号到来后,$R_D' = 0$,立刻将计数器置成 $Q_3Q_2Q_1Q_0 =$ **0000** 状态。由于 $Q_3Q_2Q_1Q_0 =$ **1010** 是一个过渡状态,不存在于稳定状态的循环中,因此电路按 **0000~1001** 这十个状态顺序循环,是十进制计数器。电路的状态转换图如图 6.36 所示。

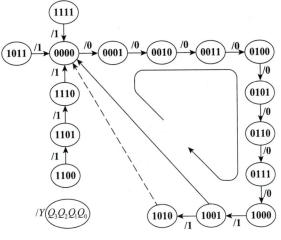

图 6.36

13. 试分析图 6.37 的计数器在 $M=1$ 和 $M=0$ 时各为几进制。

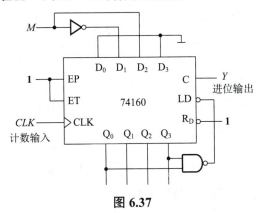

图 6.37

解析 根据电路图,采用的是同步置数法,置数信号 **1001**。当置数信号到来后,$LD' = 0$,置数信号有效。待下一个 CLK 有效脉冲到来时,将电路置成 $Q_3Q_2Q_1Q_0 = 0MM'0$,重新(加法)计数。当 $M=1$ 时,在 CLK 连续作用下,电路将在 **0100 ~ 1001** 这六个状态间循环,故电路为六进制计数器;当 $M=0$ 时,在 CLK 连续作用下,电路将在 **0010 ~ 1001** 这八个状态间循环,故电路为八进制计数器。

14. 试用 4 位同步二进制计数器 74LS161 接成十二进制计数器,标出输入、输出端。可以附加必要的门电路。

该题有不同的解决方案。可以采用同步置数法，也可采用异步清零法，甚至还可以通过指定输入信号，完成十二进制计数功能。为了简单起见，这里以同步置数法为例进行说明，各位同学可以自行写出其他方式。

解析 在电路计成 $Q_3Q_2Q_1Q_0 = 1011$ 后，触发置数信号，此时 $LD' = 0$，并在下一个 CLK 信号到达时将计数器初始状态置为 **0000**，从而得到了十二进制计数器，计数状态为 **0000~1011**。电路接法如图6.38所示。

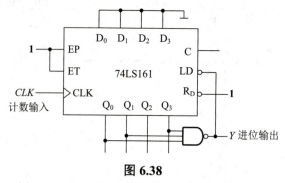

图 6.38

15. 图6.39电路是可变进制计数器。试分析当控制变量 A 为 **1** 和 **0** 时电路各为几进制计数器。

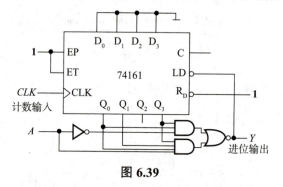

图 6.39

解析 这是用同步置数法接成的可控进制计数器，进位输出和置数信号 $Y = LD' = (Q_3Q_1Q_0A + Q_3Q_0A')'$。在 $A = 1$ 的情况下，$Q_3Q_2Q_1Q_0 = 1011$，触发 $LD' = 0$ 信号，下一个 CLK 脉冲到来时计数器被置成 $Q_3Q_2Q_1Q_0 = 0000$ 状态，是十二进制计数器。在 $A = 0$ 的情况下，$Q_3Q_2Q_1Q_0 = 1001$，触发 $LD' = 0$ 信号，下一个 CLK 脉冲到来时计数器被清零，是十进制计数器。

16. 设计一个可控进制的计数器，当输入控制变量 $M = 0$ 时工作在五进制，$M = 1$ 时工作在十五进制。请标出计数输入端和进位输出端。

解析 此题有多种解法。可将 M 和门电路接在置数信号上，也可将 M 和门电路接在清零信号上，还可以将 M 和门电路接在数据输入端 $D_3D_2D_1D_0$。本题是采用同步置数法接成的可控进制计数器，如图6.40所示。每次置数时置入的是 $D_3D_2D_1D_0 = 0000$，所以 $M = 1$ 时应从 $Q_3Q_2Q_1Q_0 = 1110$ 状态译出 $LD' = 0$ 信号；而在 $M = 0$ 时应从 $Q_3Q_2Q_1Q_0 = 0100$ 状态译出 $LD' = 0$ 信号。

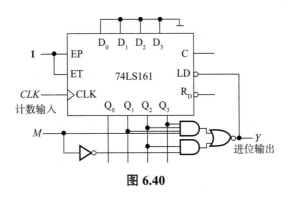

图 6.40

17. 略。

18. 试分析图 6.41 计数器电路的分频比(即 Y 与 CLK 的频率之比)。

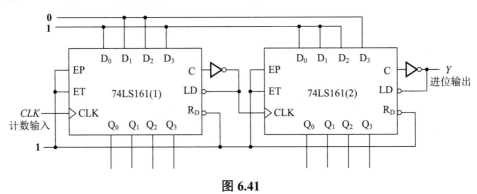

图 6.41

解析 第(1)片 74LS161 是采用置数法接成的七进制计数器。当计数器状态进入 $Q_3Q_2Q_1Q_0 =$ **1111** 时译出 $LD' = 0$ 信号,置入 $D_3D_2D_1D_0 =$ **1001**,所以是七进制计数器。

第(2)片 74LS161 是采用置数法接成的九进制计数器。当计数器状态进入 $Q_3Q_2Q_1Q_0 =$ **1111** 时译出 $LD' = 0$ 信号,置入 $D_3D_2D_1D_0 =$ **0111**,所以是九进制计数器。

两片 74LS161 之间采用了串行连接方式,每当第(1)片芯片进位端 C 输出下降沿时,第(2)片芯片时钟信号有效,开始计数。因此,电路构成 $7 \times 9 = 63$ 进制计数器,故 Y 与 CLK 的频率之比为 1∶63。

19. 图 6.42 所示电路是由两片同步十进制计数器 74160 组成的计数器电路,试分析这是多少进制的计数器,两片之间是几进制。

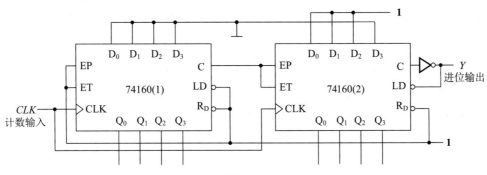

图 6.42

解析 第(1)片74160工作在十进制计数状态。第(2)片74160采用置数法接成三进制计数器。两片之间是十进制。

若起始状态第(1)片和第(2)片74160的 $Q_3Q_2Q_1Q_0$ 分别为 **0001** 和 **0111**，则输入19个 CLK 信号以后第(1)片变为 **0000** 状态，第(2)片接收了两个进位信号以后变为 **1001** 状态，并使第(2)片的 $LD'=0$。第20个 CLK 信号到达以后，第(1)片计成 **0001**，第(2)片被置为 **0111**，于是返回到了起始状态，所以这是二十进制计数器。

> 同学们谨记：根据74160的功能表，清零和置数功能触发时，无须 EP、ET 端为 **1**

20. 分析图6.43给出的电路，说明这是多少进制的计数器，两片之间是多少进制。

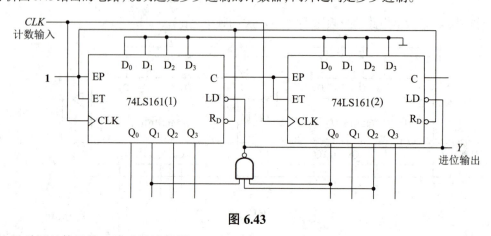

图 6.43

解析 这是采用整体置数法接成的计数器。

在出现 $LD'=0$ 信号以前，两片74LS161均按十六进制计数。即第(1)片到第(2)片为十六进制。当第(1)片计为2，第(2)片计为5时产生 $LD'=0$ 信号，待下一个 CLK 信号到达后两片74LS161同时被清零，总的进制为 $5\times16+2+1=83$，故为八十三进制计数器。

21. 略。

22. 用同步十进制计数器芯片74160设计一个三百六十五进制的计数器。要求各位间为十进制关系，允许附加必要的门电路。

解析 为了实现一个由三位十进制计数器构成的三百六十五进制计数器，需要将三个74160计数器串联，利用低位的进位输出 CO 作为高位的使能信号 EP 和 ET，确保每位都以十进制计数。然后，通过整体置数法调整逻辑，将这三个十进制计数器组合成一个能计数到三百六十五的计数器，即三百六十五进制计数器。

采用同步置数法构建的三百六十五进制计数器如图6.44所示。当计数器达到364这一状态时，会触发一个 LD' 信号变为低电平。随后，在下一个时钟脉冲 CLK 的上升沿到来时，该信号会促使计数器整体置数为全零状态，从而实现从364到0的跳转，形成一个完整的三百六十五进制计数循环。

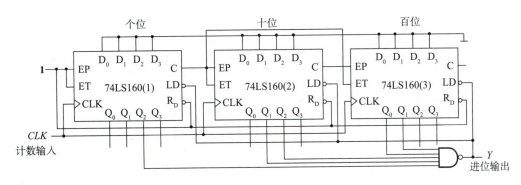

图 6.44

23、24. 略。

25. 试用同步十进制可逆计数器74LS190和二–十进制优先编码器74LS147设计一个工作在减法计数状态的可控分频器。要求在控制信号 A、B、C、D、E、F、G、H 分别为 **1** 时分频比对应为 1/2、1/3、1/4、1/5、1/6、1/7、1/8、1/9，可以附加必要的门电路。

解析 根据题意，可利用74LS190置数功能实现，利用其内置的置数功能来实现一个特殊的控制逻辑。用 CLK_O 信号作为 LD' 信号。CLK 上升沿使 $Q_3Q_2Q_1Q_0 = $ **0000** 以后，在这个 CLK 的低电平期间 CLK_O 将给出一个负脉冲。

由于74LS190的 LD' 信号是异步置数信号，当 $LD' = 0$ 时，计数器会立即被置为预设值 **0000**，但这个状态在计数过程中会作为暂态短暂出现，影响计数的稳定性和可靠性。为了提高置数的可靠性，并确保产生足够宽度的进位输出脉冲，可以增设一个由 G_1 和 G_2 组成的锁存器电路来改进设计，由 Q' 端给出与 CLK 脉冲的低电平等宽的 $LD' = 0$ 信号，并可由 Q' 端给出进位输出脉冲。

由图 6.45(a) 中74LS190减法计数时的状态转换图可知，若 $LD' = 0$ 时置入 $Q_3Q_2Q_1Q_0 = $ **0100**，则得到四进制减法计数器，输出进位信号与 CLK 频率之比为 1：4。又由74LS147的功能表可知，为使74LS147的输出反相后为 **0100**，I_4' 需接入低电平信号，故 I_4' 应接输入信号 C。依此类推即可得到表 6.12。

表 6.12

分频比(f_y / f_{CLK})	1/2	1/3	1/4	1/5	1/6	1/7	1/8	1/9
低电平信号输入端	$I_2'(A')$	$I_3'(B')$	$I_4'(C')$	$I_5'(D')$	$I_6'(E')$	$I_7'(F')$	$I_8'(G')$	$I_9'(H')$

于是得到如图 6.45(b) 所示的电路图。

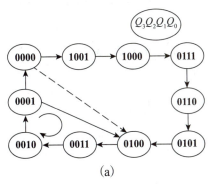

(a)

图 6.45

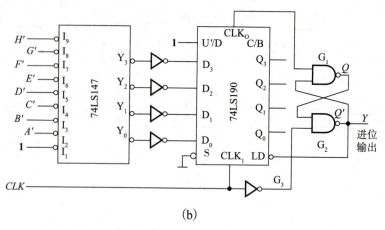

(b)

图 6.45（续）

26. 图 6.46 所示为一个移位寄存器型计数器，试画出它的状态转换图，说明这是几进制计数器，能否自启动。

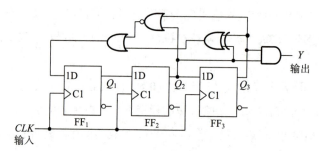

图 6.46

解析 如图 6.46 所示，该电路由三个 D 触发器，若干逻辑门构成的同步时序逻辑电路。它的状态方程和输出方程分别为

$$\begin{cases} Q_1^* = D_1 = Q_2 \oplus Q_3 + (Q_2 + Q_3)' = Q_2Q_3' + Q_2'Q_3 + Q_2'Q_3' \\ Q_2^* = D_2 = Q_1 \\ Q_3^* = D_3 = Q_2 \end{cases}$$

$$Y = Q_2Q_3$$

状态转换图如图 6.47 所示。根据状态转换图，无关状态出现后，能自行回到有效循环中，因此电路能自启动。这是一个五进制计数器。

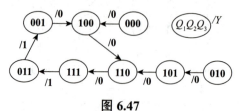

图 6.47

27、28. 略。

29. 设计一个序列信号发生器电路,使之在一系列 CLK 信号作用下能周期性地输出 "**0010110111**" 的序列信号。

解析 为了实现一个基于周期计数的特定序列生成器,我们可以采用 74LS160 十进制计数器来产生一个循环的计数序列,该序列作为时间基准或周期性信号。74LS160 的输出将随着时钟脉冲的输入而递增,并在达到指定信号(通常为设定的置数信号或清零信号)后重新计数,形成一个连续的周期性计数过程。接下来,我们将 74LS160 的输出连接到 74HC151 八选一数据选择器的选择输入端。当 74LS160 的计数变化时,它会通过选择输入控制 74HC151,使得对应的数据输入被选中并输出到数据选择器的输出端。通过这种方式,每当 74LS160 的计数改变时,74HC151 就会从预置的序列中选择一个值进行输出,从而形成一个由 74LS160 周期性计数驱动的特定序列信号。

74LS160 计数器状态 $Q_3Q_2Q_1Q_0$ 与要求产生的输出 Z 之间关系的真值表,如表 6.13 所示。

八选一数据选择器 74HC151 的输出逻辑式可写为

$$Y = D_0(A_2'A_1'A_0') + D_1(A_2'A_1'A_0) + D_2(A_2'A_1A_0') + D_3(A_2'A_1A_0) + \\ D_4(A_2A_1'A_0') + D_5(A_2A_1'A_0) + D_6(A_2A_1A_0') + D_7(A_2A_1A_0)$$

由真值表写出 Z 的逻辑式,并化成与上式对应的形式则得到

$$Z = Q_3(Q_2'Q_1'Q_0') + Q_3'(Q_2'Q_1Q_0') + Q_3'(Q_2'Q_1Q_0') + \mathbf{0} \cdot (Q_2'Q_1Q_0) + \\ Q_3'(Q_2Q_1'Q_0') + Q_3'(Q_2Q_1'Q_0) + \mathbf{0} \cdot (Q_2Q_1Q_0') + Q_3'(Q_2Q_1Q_0)$$

令 $A_2 = Q_2$,$A_1 = Q_1$,$A_0 = Q_0$,$D_0 = D_1 = Q_3$,$D_2 = D_4 = D_5 = D_7 = Q_3'$,$D_3 = D_6 = \mathbf{0}$,则数据选择器的输出 Y 即所求之 Z。所得到的电路如图 6.48 所示。

表 6.13

CLK 顺序	Q_3	Q_2	Q_1	Q_0	Z
0	**0**	**0**	**0**	**0**	**0**
1	**0**	**0**	**0**	**1**	**0**
2	**0**	**0**	**1**	**0**	**1**
3	**0**	**0**	**1**	**1**	**0**
4	**0**	**1**	**0**	**0**	**1**
5	**0**	**1**	**0**	**1**	**1**
6	**0**	**1**	**1**	**0**	**0**
7	**0**	**1**	**1**	**1**	**1**
8	**1**	**0**	**0**	**0**	**1**
9	**1**	**0**	**0**	**1**	**1**

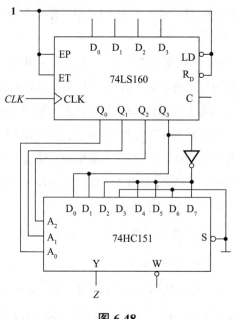

图 6.48

30. 设计一个灯光控制逻辑电路。要求红、绿、黄三种颜色的灯在时钟信号作用下按表6.14规定的顺序转换状态。表中的 **1** 表示"亮",**0** 表示"灭"。要求电路能自启动,并尽可能采用中规模集成电路芯片。

表 6.14

CLK 顺序	红	黄	绿
0	0	0	0
1	1	0	0
2	0	1	0
3	0	0	1
4	1	1	1
5	0	0	1
6	0	1	0
7	1	0	0
8	0	0	0

解析 因为是八个状态循环,所以每个灯状态的循环可以看作一个脉冲信号发生器。可以采用一个四位二进制计数器(如74LS161模拟八进制)和两个双四选一数据选择器(如74HC153,通过逻辑组合模拟八选一),其中计数器提供周期性计数信号,数据选择器根据计数选择输出,以控制八个不同状态循环出现。以 R、Y、G 分别表示红、黄、绿三个输出,则可得计数器输出状态 $Q_2Q_1Q_0$ 与 R、Y、G 关系的真值表,如表6.15所示。

选两片双四选一数据选择器 74HC153 作通用函数发生器使用,产生 R、Y、G。

表 6.15

Q_2	Q_1	Q_0	R	Y	G
0	0	0	0	0	0
0	0	1	1	0	0
0	1	0	0	1	0
0	1	1	0	0	1
1	0	0	1	1	1
1	0	1	0	0	1
1	1	0	0	1	0
1	1	1	1	0	0

已知74HC153在$S'=0$的条件下输出的逻辑式为 $Y = D_0(A_1'A_0') + D_1(A_1'A_0) + D_2(A_1A_0') + D_3(A_1A_0)$。

由真值表写出 R、Y、G 的逻辑式,并化成与数据选择器的输出逻辑式相对应的形式。

$$R = Q_2(Q_1'Q_0') + Q_2'(Q_1'Q_0) + \mathbf{0} \cdot (Q_1Q_0') + Q_2(Q_1Q_0)$$

$$Y = Q_2(Q_1'Q_0') + \mathbf{0} \cdot (Q_1'Q_0) + \mathbf{1} \cdot (Q_1Q_0') + \mathbf{0} \cdot (Q_1Q_0)$$

$$G = Q_2(Q_1'Q_0') + Q_2(Q_1'Q_0) + \mathbf{0} \cdot (Q_1Q_0') + Q_2'(Q_1Q_0)$$

电路图如图 6.49 所示。

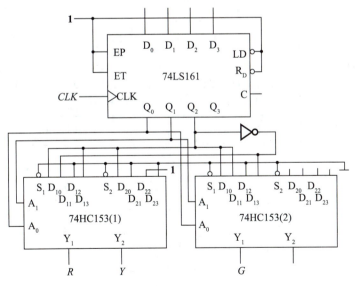

图 6.49

31. 试用 JK 触发器和门电路设计一个同步七进制计数器。

解析 根据题意,需要有七个不同的电路状态,因此需要三个触发器。题目没有明确要求触发器种类,考生可以自行选择。 *如果题目没有明确要求,推荐采用 D 触发器,电路设计会更加简单。本题考虑解题普适性,仍以 JK 触发器为例讲解*

若确定七个计数状态如图 6.50(a) 所示的状态编码和循环顺序,可画出电路次状($Q_3^*\ Q_2^*\ Q_1^*$)的卡诺图,如图 6.50(b) 所示。

通过卡诺图分析,直接得出电路的状态方程

$$\begin{cases} Q_3^* = (Q_2Q_1)Q_3' + (Q_2')Q_3 \\ Q_2^* = Q_2'Q_1 + Q_3'Q_2Q_1' = (Q_1)Q_2' + (Q_3'Q_1')Q_2 \\ Q_1^* = Q_2'Q_1' + Q_3'Q_1' = (Q_2Q_3)'Q_1' + (1')Q_1 \end{cases}$$

将上式与 JK 触发器特性方程的标准形 $Q^* = JQ' + K'Q$ 对照,即可得出驱动方程为

$$\begin{cases} J_3 = Q_2Q_1, & K_3 = Q_2 \\ J_2 = Q_1, & K_2 = (Q_3'Q_1')' \\ J_1 = (Q_2Q_3)', & K_1 = 1 \end{cases}$$

根据驱动方程画出的电路图如图 6.50(c) 所示。

将无效状态 **111** 代入状态方程计算,得次态为 **000**,说明该电路能自启动。

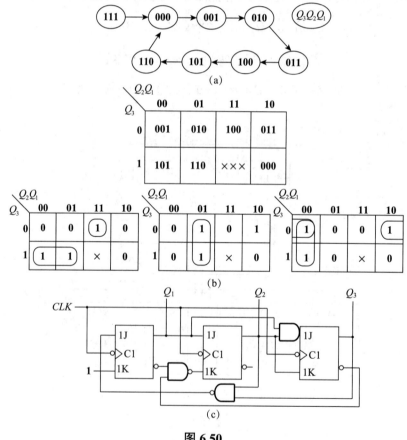

图 6.50

32. 略。

33. 用 D 触发器和门电路设计一个十一进制计数器，并检查设计的电路能否自启动。

解析 设计一个十一进制计数器需要十一个不同的状态，通过四个 D 触发器来构建。利用二进制到十一进制的转换逻辑。每个触发器可以存储一位二进制数，四个触发器共能表示16种状态，其中11种用于表示十一进制的0到10，剩余状态视为无效或用于循环回有效状态。本题要求选用 D 触发器完成。如果按表6.16取电路的11个状态和循环顺序，则可画出表示电路次态的卡诺图，如图6.51(a)所示。

表 6.16

计数顺序	电路状态 Q_3	Q_2	Q_1	Q_0	进位 C	计数顺序	电路状态 Q_3	Q_2	Q_1	Q_0	进位 C
0	0	0	0	0	0	6	0	1	1	0	0
1	0	0	0	1	0	7	0	1	1	1	0
2	0	0	1	0	0	8	1	0	0	0	0
3	0	0	1	1	0	9	1	0	0	1	0
4	0	1	0	0	0	10	1	0	1	0	1
5	0	1	0	1	0	11	0	0	0	0	0

由卡诺图得到四个触发器的状态方程为

$$\begin{cases} Q_3^* = Q_3 Q_1' + Q_2 Q_1 Q_0 \\ Q_2^* = Q_2 Q_1' + Q_2 Q_0' + Q_2' Q_1 Q_0 \\ Q_1^* = Q_1' Q_0 + Q_3' Q_1 Q_0' \\ Q_0^* = Q_3' Q_0' + Q_1' Q_0' \end{cases}$$

输出方程为

$$C = Q_3 Q_1$$

由于 D 触发器的 $Q^* = D$，于是得到如图6.51(b)所示的电路图。通过状态方程和输出方程，可以绘制出电路的状态转换图，如图6.51(c)所示，包含电路中各个状态之间的转换关系，包括有效状态和无效状态。由于状态转换图显示电路在达到任何无效状态后能够自动转换回有效状态之一，因此可以判断该电路具有自启动能力。

$Q_3Q_2 \backslash Q_1Q_0$	00	01	11	10
00	0001	0010	0100	0011
01	0101	0110	1000	0111
11	××××	××××	××××	××××
10	1001	1010	××××	0000

(a)

图 6.51

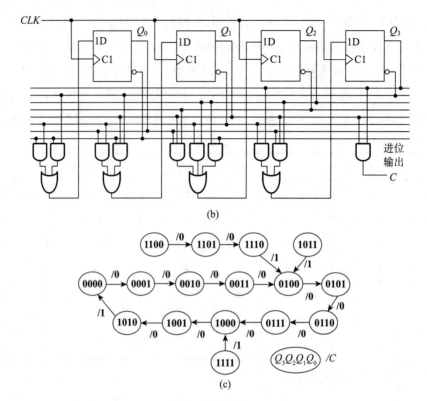

图 6.51（续）

34、35. 略。

第七章　脉冲波形的产生和整形电路

本章聚焦于脉冲波形的生成机理和多种整形电路，涵盖了施密特触发电路、单稳态触发电路以及多谐振荡电路等关键内容。这些电路为信号处理提供了基础工具，在电子设计中扮演着重要角色。值得一提的是，555定时器作为本章的难点，其内部工作机制被深入剖析，并详细介绍了其功能和应用。从理解555定时器的内部构造与工作原理出发，探索其如何灵活的构建复杂电路，如施密特触发电路、单稳态触发电路及多谐振荡电路。这一过程不仅加深了理论知识，还锻炼了实践能力。本章的核心在于应用导向，需考生熟练掌握各类基于555定时器的应用电路的设计，并能运用相应公式进行精确计算与分析。这不仅要求考生具备扎实的理论基础，还需具备将知识转化为解决实际问题的能力，为后续深入学习电子系统设计打下坚实的基础。

划重点

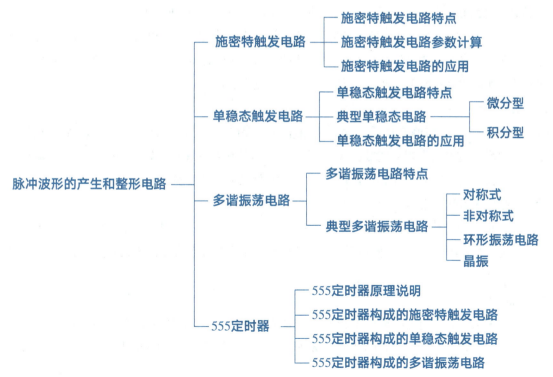

7.1 施密特触发电路

一、施密特触发电路的结构

从结构上看,将两级反相器串接起来,同时通过分压电阻将输出端的电压反馈到输入端,就构成了施密特触发电路,如图7.1所示。

当 $v_I = 0$ 时,为正反馈电路,$v_O = V_{OL} \approx 0$;

当 $v_I = V_{TH}$ 时(上升),为放大区,$v_O = V_{OH} \approx V_{DD}$;

当 $v_I = V_{TH}$ 时(下降),为正反馈,$v_O = V_{OL} \approx 0$。

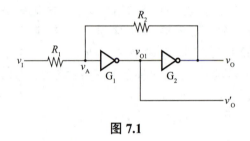

图 7.1

二、施密特触发电路的特点

1. 双阈值电压

施密特触发电路有两个不同的阈值电压,分别称为正向阈值电压和负向阈值电压。在输入信号从低电平上升到高电平的过程中,使电路状态发生变化的输入电压称为正向阈值电压;而在输入信号从高电平下降到低电平的过程中,使电路状态发生变化的输入电压称为负向阈值电压。这种双阈值电压的特性使施密特触发电路在噪声抑制和波形整形方面具有显著优势。

2. 迟滞现象与记忆性

由于正向阈值电压与负向阈值电压之间的差值(称为回差电压),施密特触发电路在状态转换过程中表现出迟滞现象。这种迟滞现象使触发器具有记忆性,即只有当输入电压发生足够的变化时,输出状态才会改变。这种特性有助于防止由于输入信号的微小波动而引起的误触发。

3. 边沿陡峭的矩形脉冲输出

施密特触发电路能够输出边沿陡峭的矩形脉冲信号。当输入信号达到某一阈值电压时,输出电压会迅速跳变,从而生成具有清晰边沿的矩形脉冲。这种特性使得施密特触发电路在数字电路和脉冲技术中具有重要应用。

4. 抗干扰能力强

由于施密特触发电路具有迟滞现象和记忆性,因此它能够有效地抑制输入信号中的噪声。所以即使输入信号中包含噪声,只要噪声幅度不超过回差电压,就不会影响触发器的输出状态。

三、施密特触发电路的典型参数计算

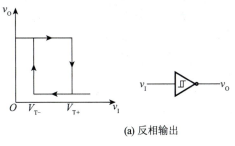
(a) 反相输出

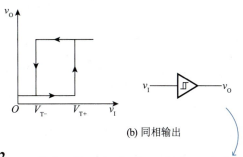
(b) 同相输出

图 7.2

注意，图7.2(a)和图7.2(b)两种电路输出符号相同都是 v_O。因此，要确定采用哪一种波形，需要根据电路符号输出端是否有"圈圈"判断。这一点非常重要

正向阈值电压：$V_{T+} = \left(1 + \dfrac{R_1}{R_2}\right)V_{TH}$；

负向阈值电压：$V_{T-} = \left(1 - \dfrac{R_1}{R_2}\right)V_{TH}$；

回差电压：$\Delta V_T = V_{T+} - V_{T-} = 2\dfrac{R_1}{R_2}V_{TH}$。

若为 CMOS 反相器构成，则上式可进一步写成：$\Delta V_T = V_{T+} - V_{T-} = 2\dfrac{R_1}{R_2}V_{TH} = \dfrac{R_1}{R_2}V_{DD}$。

对于CMOS电路，阈值电压为 V_{DD} 的一半，输出高电平 $V_{OH} = V_{DD}$；输出低电平 $V_{OL} = 0$

四、施密特触发电路的应用

施密特触发电路常用于波形变换、脉冲整形、幅度鉴别等。

1. 波形变换

施密特触发电路常用于波形变换，如将正弦波、三角波等变成矩形波。将幅度大于 V_{T+} 的正弦波输入到施密特触发电路的输入端，根据施密特触发电路的电压传输特性，可画出输出电压波形，如图 7.3 所示。

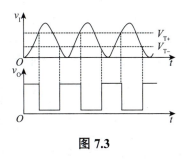

图 7.3

2. 脉冲整形

在实际工程中，对于发生畸变的信号，可利用施密特触发电路将其整形。如图 7.4 所示，只要回差电压选择合适，就可达到理想的整形效果。

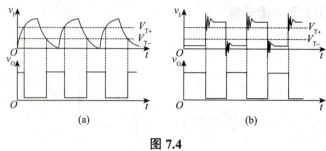

图 7.4

3. 幅度鉴别

施密特触发电路属于电平触发方式,即其输出状态与输入信号的幅度有关。利用这一工作特点,可将它作为幅度鉴别电路,如图 7.5 所示。

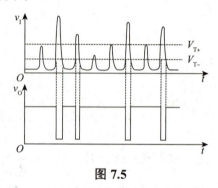

图 7.5

7.2 单稳态触发电路

一、单稳态触发电路的特点

（1）它有稳态和暂稳态两个不同的工作状态；
（2）在外界触发脉冲作用下,能从稳态翻转到暂稳态,在暂稳态维持一段时间以后,再自动返回稳态；
（3）暂稳态维持时间的长短取决于电路本身的参数,与触发脉冲的宽度和幅度无关。

二、典型单稳态电路

1. 微分型单稳态电路

> *RC* 微分电路是一种基本的电路,由一个电阻和一个电容组成。它的主要功能是对输入信号进行微分运算,在本章中我们使用该电路的主要目的是让输入的宽脉冲变为窄脉冲

微分型单稳态电路由 CMOS 门电路和 *RC* 微分电路构成,如图 7.6 所示,其输出电压波形图如图 7.7 所示。输出脉冲宽度 $t_W = RC \ln \dfrac{V_{DD} - 0}{V_{DD} - V_{TH}} = RC \ln 2 = 0.69RC$。恢复时间 $t_{re} \approx (3 \sim 5) R_{ON} C$。

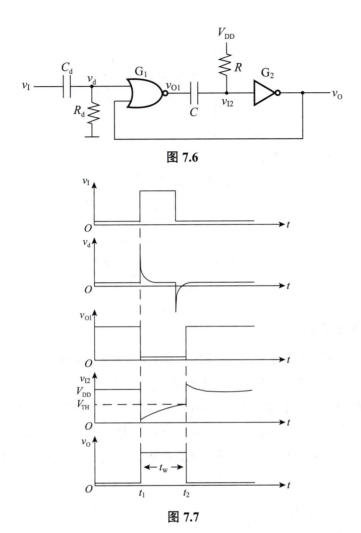

图 7.6

图 7.7

2. 积分型单稳态电路

积分型单稳态电路由 TTL 与非门和反相器以及 RC 积分电路构成，如图 7.8 所示。其电压输出波形图如图 7.9 所示。输出脉冲宽度 $t_W = (R + R_0)C \ln \dfrac{V_{OL} - V_{OH}}{V_{OL} - V_{TH}}$。

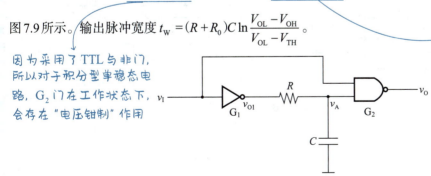

图 7.8

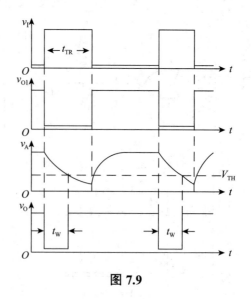

图 7.9

三、单稳态触发电路的应用

单稳态触发电路在数字系统和装置中,一般用于定时(产生一定宽度的脉冲)、整形(把不规则的波形转换成等宽、等幅的脉冲)以及延时(将输入信号延迟一定的时间之后输出)等。

此外,在实际电路中,噪声消除电路也是单稳态触发电路常见应用之一。由单稳态触发电路组成的噪声消除电路及工作波形分别如图7.10(a)和图7.10(b)所示,有用的信号一般都有一定的脉冲宽度,而噪声多表现为尖脉冲。从分析结果可见,只要合理地选择 R、C 的值,使单稳态电路的输出脉宽大于噪声脉宽而小于信号的脉宽,即可消除噪声。

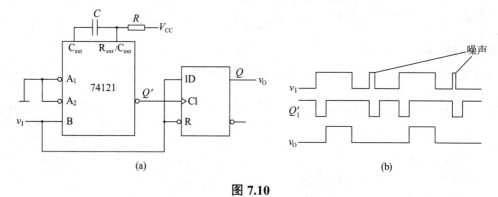

图 7.10

7.3 多谐振荡电路

多谐振荡电路是一种能够产生自激振荡的电路,可以自动产生矩形脉冲信号,常用于方波发生器,产生一定占空比的方波。*因为方波是多次谐波共同叠加得到的,所以叫作"多谐振荡器"。所以一般会用作时钟信号电路,晶体振荡器就是多谐振荡器的一种*

一、多谐振荡电路的特点

(1) 信号直接输出;
(2) 无须外加输入信号可自激振荡;
(3) 没有稳态,只有两个暂稳态;
(4) 输出信号周期性变化。

二、典型多谐振荡电路

1. 对称式多谐振荡电路

对称式多谐振荡电路如图 7.11 所示,电路中各点电压的波形图如图 7.12 所示。

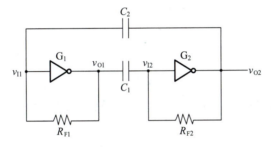

图 7.11

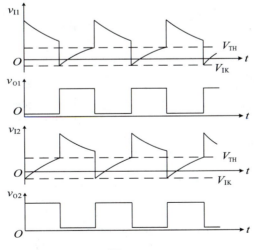

图 7.12

2. 非对称式多谐振荡电路

非对称式多谐振荡电路如图7.13所示，它是在对称式多谐振荡电路的基础上把 C_1 和 R_{F2} 去掉，保留了电容 C_2，电路仍没有稳定状态，只能在两个暂稳态之间往复振荡。电路的振荡周期经验公式为 $T \approx 2R_F C \ln 3 = 2.2R_F C$。

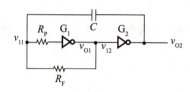

图 7.13

3. 环形振荡电路

环形振荡电路是利用延迟负反馈产生振荡的。它是利用门电路的传输延迟时间将奇数个反相器首尾相接而构成的，如图7.14所示。此电路的振荡周期 $T = 6t_{pd}$，t_{pd} 为经过 G_1 的传输延迟时间，当有 n 个串联反相器时，$T = 2nt_{pd}$。

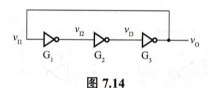

图 7.14

用施密特触发电路构成的多谐振荡电路如图7.15所示，其电压输出波形图如图7.16所示。

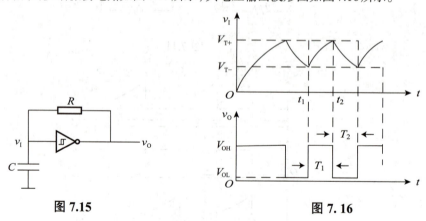

图 7.15　　　　　　图 7.16

$$T_1 = RC \ln \frac{V_{DD} - V_{T-}}{V_{DD} - V_{T+}}, \quad T_2 = RC \ln \frac{V_{T+}}{V_{T-}}$$

$$T = T_1 + T_2 = RC \left(\ln \frac{V_{DD} - V_{T-}}{V_{DD} - V_{T+}} + \ln \frac{V_{T+}}{V_{T-}} \right)$$

$$= RC \ln \left(\frac{V_{DD} - V_{T-}}{V_{DD} - V_{T+}} \cdot \frac{V_{T+}}{V_{T-}} \right)$$

4.石英晶体多谐振荡电路

> 多谐振荡电路中接入石英晶体,提高频率稳定性

石英晶体多谐振荡电路就是大家常用的晶振(见图7.17),用来提供稳定的时钟频率信号。晶振的振荡频率取决于石英晶体固有谐振频率,而石英晶体固有谐振频率是由石英晶体的结晶方向和外形尺寸决定的。

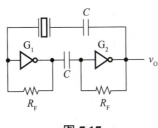

图 7.17

» 7.4 555定时器及其应用 «

定时器有双极型和CMOS两种类型。通常,双极型产品型号最后的三位数码都是555,CMOS产品型号的最后四位数码都是7555,它们的工作原理以及外部引脚排列基本相同,因此后续不做区分,统一用555定时器表示。

> ① 一般双极型定时器具有较大的驱动能力,而CMOS定时器具有低功耗、输入阻抗高等优点。
> ② 双极型定时器电源电压范围为4.5~16 V,最大负载电流可达200 mA;CMOS定时器电源电压范围为2~18 V,最大负载电流可达100 mA

一、555定时器的电路结构与工作原理

555定时器的电路结构图和电路符号如图7.18所示。

> 对于不同教材,555定时器电路图内部结构及分析过程可能存在些许不同,但输入输出关系完全一致。作者参考了市面上不同版本教材,包括阎石第五版、第六版,康华光第六版,以及部分院校考试真题等。从使用范围的角度,建议同学依据下面图进行分析,并且,后续本书所有关于555定时器内部原理分析过程,均基于下图进行

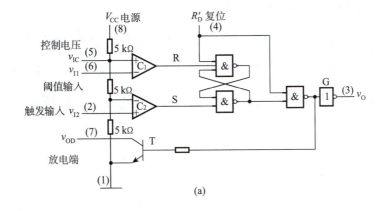

图 7.18

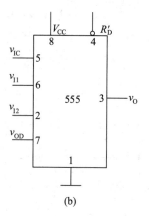

图 7.18（续）

1. 555 定时器内部结构组成说明

工作原理：当电压控制端（5脚）无外接信号时，比较器 C_1 和 C_2 的比较基准电压分别为 $\frac{2}{3}V_{CC}$ 和 $\frac{1}{3}V_{CC}$。

(1) 当 $v_{I1} > \frac{2}{3}V_{CC}$，$v_{I2} > \frac{1}{3}V_{CC}$ 时，比较器 C_1 输出低电平，C_2 输出高电平，基本 RS 触发器被置 **0**，放电三极管 T 导通，输出端 v_O 为低电平。

(2) 当 $v_{I1} < \frac{2}{3}V_{CC}$，$v_{I2} < \frac{1}{3}V_{CC}$ 时，比较器 C_1 输出高电平，C_2 输出低电平，基本 RS 触发器被置 **1**，放电三极管 T 截止，输出端 v_O 为高电平。

(3) 当 $v_{I1} < \frac{2}{3}V_{CC}$，$v_{I2} > \frac{1}{3}V_{CC}$ 时，比较器 C_1 输出高电平，C_2 也输出高电平，即基本 RS 触发器 $R=1$，$S=1$，触发器状态不变，电路亦保持原状态不变。

(4) 当 $v_{I1} > \frac{2}{3}V_{CC}$，$v_{I2} < \frac{1}{3}V_{CC}$ 时，比较器 C_1 输出低电平，C_2 也输出低电平，即基本 RS 触发器 $R=0$，$S=0$，放电三极管 T 截止，输出端 v_O 为高电平。

如果在电压控制端（5脚）施加一个外加电压（其值在 $0 \sim V_{CC}$ 之间），比较器的参考电压将发生变化，电路相应的阈值、触发电平也将随之变化，进而影响电路的工作状态。另外，R'_D 为复位输入端，当 R'_D 为低电平时，不管其他输入端的状态如何，输出 v_O 均为低电平，即 R'_D 的控制级别最高。正常工作时，一般应将其接高电平。

2. 555定时器的功能表(见表7.1)

表 7.1

阈值输入(v_{I1})	触发输入(v_{I2})	复位(R'_D)	输出(v_O)	放电三极管(T)
×	×	0	0	导通
$>\frac{2}{3}V_{CC}$	$>\frac{1}{3}V_{CC}$	1	0	导通
$<\frac{2}{3}V_{CC}$	$>\frac{1}{3}V_{CC}$	1	不变	不变
$<\frac{2}{3}V_{CC}$	$<\frac{1}{3}V_{CC}$	1	1	截止
$>\frac{2}{3}V_{CC}$	$<\frac{1}{3}V_{CC}$	1	1	截止

二、用555定时器构成的施密特触发电路

即将两个输入端引脚2、6连在一起外接输入信号

施密特触发电路——具有回差电压特性,能将边沿变化缓慢的电压波形整形为边沿陡峭的矩形脉冲。

1. 电路组成及工作原理

用555定时器构成的施密特触发电路如图7.19(a)所示,其电压输出波形如图7.19(b)所示。

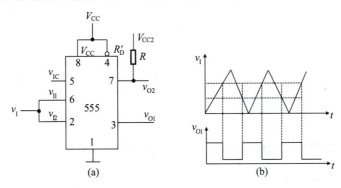

图 7.19

(1) $v_I = 0$ V时,v_{O1}输出高电平。

(2) 当$\frac{1}{3}V_{CC} < v_I < \frac{2}{3}V_{CC}$,$v_{O1}$输出高电平保持不变。

(3) 当v_I上升到$\frac{2}{3}V_{CC}$时,v_{O1}输出低电平;当v_I由$\frac{2}{3}V_{CC}$继续上升,v_{O1}保持不变。

(4) 当v_I下降到$\frac{1}{3}V_{CC}$时,电路输出跳变为高电平,而且在v_I继续下降到0 V时,电路状态保持不变。

图7.19(a)中,R、V_{CC2}构成另一输出端v_{O2},其高电平可以通过改变V_{CC2}进行调节。

关于这一点,同学们了解即可,一般不作为考查重点

2.电压滞回特性和主要参数

（1）电压滞回特性。

施密特触发电路的电路符号和电压传输特性分别如图7.20(a)和图7.20(b)所示。

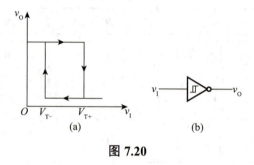

图 7.20

（2）主要静态参数。

上限阈值电压 V_{T+} 是 v_I 上升过程中，输出电压 v_O 由高电平 V_{OH} 跳变到低电平 V_{OL} 时，所对应的输入电压值，且 $V_{T+} = \frac{2}{3} V_{CC}$。

下限阈值电压 V_{T-} 是 v_I 下降过程中，输出电压 v_O 由低电平 V_{OL} 跳变到高电平 V_{OH} 时，所对应的输入电压值，且 $V_{T-} = \frac{1}{3} V_{CC}$。

回差电压（又称滞回电压）$\Delta V_T = V_{T+} - V_{T-} = \frac{1}{3} V_{CC}$。

若在电压控制端 V_{TC}（5脚）外加电压 V_S，则将有 $V_{T+} = V_S$，$V_{T-} = V_S/2$，$\Delta V_T = V_S/2$，当改变 V_S 时，它们的值也随之改变。

三、用555定时器构成的单稳态触发电路 ← 引脚2单独引出，外接输入信号

1.电路组成及工作原理

（1）无触发信号输入时电路工作在稳定状态。

当电路无触发信号时，v_I 保持高电平，电路工作在稳定状态，即输出端 v_O 保持低电平，555定时器内放电三极管T饱和导通，管脚7"接地"，电容电压 v_C 为 0 V。

（2）接通电源。

接通电源后锁存器停在 $Q=1$ 的状态，这时 T_D 截止，V_{CC} 便经R向C充电。当充到 $v_C = \frac{2}{3} V_{CC}$ 时，V_{C1} 为 0，锁存器保持 0 状态不变。同时，T_D 导通，电容C经 T_D 迅速放电，使得 $v_C \approx 0$。此后由于 $V_{C1} = V_{C2} = 1$，锁存器保持 0 状态不变，输出也相应地稳定在 $v_O = 0$ 的状态。因此，通电后电路自动停在 $v_O = 0$ 的状态。

(3) v_I 下降沿触发。

当 v_I 下降沿到达时,555定时器的触发输入端(2脚)由高电平跳变为低电平,V_{C2} 为0,v_O 由低电平跳变为高电平,电路由稳态转入暂稳态。在暂稳态期间,555定时器内放电三极管T截止,V_{CC} 经R向C充电,其充电回路为 $V_{CC} \to R \to C \to$ 地,时间常数 $\tau_1 = RC$,电容电压 v_C 由0开始增大,在电容电压 v_C 上升到阈值电压 $\frac{2}{3}V_{CC}$ 之前,电路将保持暂稳态不变。

(4) 自动返回(暂稳态结束)时间。

当 v_C 上升至阈值电压 $\frac{2}{3}V_{CC}$ 时,输出电压 v_O 由高电平跳变为低电平,555定时器内放电三极管T由截止转为饱和导通,管脚7"接地",电容C经放电三极管对地迅速放电,电压 v_C 由 $\frac{2}{3}V_{CC}$ 迅速降至0(放电三极管的饱和压降),电路由暂稳态重新转入稳态。

当暂稳态结束后,电容C通过饱和导通的放电三极管T放电,时间常数 $\tau_2 = R_{CES}C$,式中 R_{CES} 是T的饱和导通电阻,其阻值非常小,因此 τ_2 值非常小。经过 $(3\sim5)\tau_2$ 后,电容C放电完毕,恢复过程结束。恢复过程结束后,电路返回到稳定状态,单稳态触发电路又可以接收新的触发信号。用555定时器构成的单稳态触发电路及工作波形分别如图7.21(a)和7.21(b)所示。

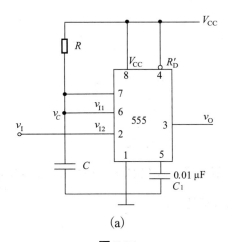

(a)

图 **7.21**

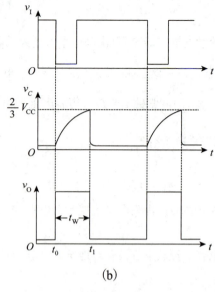

(b)

图 7.21（续）

2. 主要参数估算

（1）输出脉冲宽度 t_W。

输出脉冲宽度就是暂稳态维持时间，也就是定时电容的充电时间。由图7.21(b)所示电容电压 v_C 的工作波形可知，$v_C(0^+) \approx 0$，$v_C(\infty) = V_{CC}$，$v_C(t_s) = \dfrac{2}{3}V_{CC}$，代入 RC 过渡过程计算公式，可得

$$t_W = \tau_1 \ln \frac{v_C(\infty) - v_C(0^+)}{v_C(\infty) - v_C(t_s)}$$

$$= \tau_1 \ln \frac{V_{CC} - 0}{V_{CC} - \dfrac{2}{3}V_{CC}}$$

$$= \tau_1 \ln 3$$

$$= 1.1 RC$$

上式说明，单稳态触发电路输出脉冲宽度 t_W 仅取决于定时元件 R、C 的值，与输入触发信号和电源电压无关，调节 R、C 的值，即可方便的调节 t_W。

（2）恢复时间 t_{re}。

一般取 $t_{re} = (3 \sim 5)\tau_2$，即认为经过 3~5 倍的时间常数，电容就放电完毕。

（3）最高工作频率 f_{max}。 *这部分做简单了解即可*

当输入触发信号 v_I 是周期为 T 的连续脉冲时，为保证单稳态触发电路能够正常工作，应满足 $T \geq t_W + t_{re}$。

因此，单稳态触发电路的最高工作频率应为 $f_{max} = \dfrac{1}{T_{min}} = \dfrac{1}{t_W + t_{re}}$。

需要指出的是，在图7.21(a)所示电路中，输入触发信号v_I的脉冲宽度(低电平的保持时间)，必须小于电路输出v_O的脉冲宽度(暂稳态维持时间t_s)，否则电路将不能正常工作。原因是当单稳态触发电路被触发翻转到暂稳态后，如果v_I端的低电平一直保持不变，那么555定时器的输出端将一直保持高电平不变。

四、用555定时器构成的多谐振荡电路

1. 电路组成及输出电压波形图

> 引脚2、6均不外接，无输入信号，和"多谐振荡器"原理一致

用555定时器构成的多谐振荡电路及输出电压波形图分别如图7.22(a)和图7.22(b)所示。

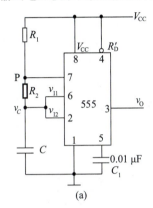

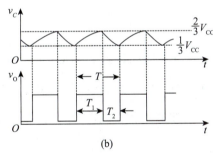

图 7.22

2. 振荡频率的估算

（1）电容充电时间T_1。

> 关于"终了值"，同学们可以理解成"如果不加任何限制，能够达到的最终状态值"

电容充电时，时间常数$\tau_1 = (R_1+R_2)C$，起始值$v_C(0^+) = \dfrac{1}{3}V_{CC}$，<u>终了值</u>$v_C(\infty) = V_{CC}$，转换值$v_C(T_1) = \dfrac{2}{3}V_{CC}$，代入$RC$计算公式得

$$\begin{aligned}
T_1 &= \tau_1 \ln \frac{v_C(\infty) - v_C(0^+)}{v_C(\infty) - v_C(T_1)} \\
&= \tau_1 \ln \frac{V_{CC} - \dfrac{1}{3}V_{CC}}{V_{CC} - \dfrac{2}{3}V_{CC}} \\
&= \tau_1 \ln 2 \\
&= 0.7(R_1+R_2)C
\end{aligned}$$

(2)电容放电时间 T_2。

电容放电时,时间常数 $\tau_2 = R_2C$,起始值 $v_C(0^+) = \frac{2}{3}V_{CC}$,终值 $v_C(\infty) = 0$,转换值 $v_C(T_2) = \frac{1}{3}V_{CC}$,代入 RC 过渡过程计算公式得 $T_2 = R_2C\ln 2 = 0.7R_2C$。

(3)电路振荡周期 T。

$$T = T_1 + T_2 = (R_1 + 2R_2)C\ln 2 = 0.7(R_1 + 2R_2)C$$

(4)电路振荡频率 f。

$$f = \frac{1}{T} = \frac{1}{(R_1 + 2R_2)C\ln 2}$$

(5)输出波形占空比 q。

输出波形占空比是脉冲宽度与脉冲周期之比,即 $q = \frac{T_1}{T}$。

$$\begin{aligned} q &= \frac{T_1}{T} \\ &= \frac{(R_1 + R_2)C\ln 2}{(R_1 + 2R_2)C\ln 2} \\ &= \frac{R_1 + R_2}{R_1 + 2R_2} \end{aligned}$$

如图7.23所示电路中,因为电容 C 的充电时间常数 $\tau_1 = (R_1 + R_2)C$,放电时间常数 $\tau_2 = R_2C$,所以 T_1 总是大于 T_2,v_O 的波形不仅不可能对称,而且占空比 q 不易调节。利用半导体二极管的单向导电特性,将电容 C 充电和放电回路隔离,再加上一个电位器,便可构成占空比可调的多谐振荡器,如图7.23所示。

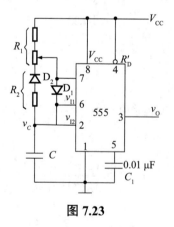

图 7.23

由于二极管的引导作用,电容 C 的充电时间常数 $\tau_1 = R_1C$,放电时间常数 $\tau_2 = R_2C$。通过与上面相同的分析计算过程可得：$T_1 = R_1 C \ln 2$，$T_2 = R_2 C \ln 2$。占空比 $q = \dfrac{T_1}{T} = \dfrac{T_1}{T_1 + T_2} = \dfrac{R_1 C \ln 2}{R_1 C \ln 2 + R_2 C \ln 2} = \dfrac{R_1}{R_1 + R_2}$。

只要改变电位器滑动端的位置，就可以方便地调节占空比 q，当 $R_1 = R_2$ 时，$q = 0.5$，v_O 就成为对称的矩形波。

斩题型

题型 1　施密特触发电路相关参数计算

> **破题小记一笔**
>
> 对于施密特触发电路阈值电压的计算问题，可按以下步骤进行计算：
> (1) 分析确定输入为 0 时电路的状态；
> (2) 找出输入电压上升过程中电路状态发生转换是由哪一点的电压控制的；
> (3) 计算出该点电压引起电路状态发生变化时所对应的输入电压值，即得到 V_{T+}；
> (4) 分析确定输入高于 V_{T+} 以后电路的状态；
> (5) 找出输入电压下降过程中电路状态发生转换是由哪一点的电压控制的；
> (6) 计算出该点电压引起电路状态发生变化时所对应的输入电压值，即得到 V_{T-}。

例1 计算图 7.24 施密特触发电路的 V_{T+}、V_{T-} 和回差电压 ΔV_T。已知 $R_1 = 5\ \text{k}\Omega$，$R_2 = 10\ \text{k}\Omega$，$R_3 = 33\ \text{k}\Omega$。G_1 和 G_2 为 CMOS 反相器，它们的电源电压为 $V_{DD} = 5\ \text{V}$，输出高电平 $V_{OH} = 5\ \text{V}$，输出低电平 $V_{OL} = 0$，阈值电压 $V_{TH} = 2.5\ \text{V}$。

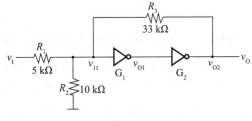

图 7.24

解析　① 计算 V_{T+}。

由图可见，当 $v_I = 0$ 时，$v_{I1} = 0$、$v_{O2} = 0$。当 v_I 上升到使 $v_{I1} = v_{TH}$ 时，所对应的输入电压值就是 V_{T+}。

根据图7.24电路可得

$$v_{I1} = v_I \frac{R_2 // R_3}{R_1 + R_2 // R_3}$$

上式中 $v_{I1} = V_{TH}$ 时，$v_I = V_{T+}$，故得到

$$V_{TH} = V_{T+} \frac{R_2 // R_3}{R_1 + R_2 // R_3}$$

$$V_{T+} = V_{TH} \frac{R_1 + R_2 // R_3}{R_2 // R_3} = 2.5 \times \frac{5 + 7.7}{7.7} = 4.1 \, (\text{V})$$

② 再计算 V_{T-}。

电路状态的转换仍受 v_{I1} 的控制。但因为 v_I 高于 V_{T+} 以后 $v_O = V_{OH} = V_{DD}$，所以 v_{I1} 下降至 V_{TH} 时对应的 v_I 和 V_{T+} 不同。利用电压叠加原理可以写出 v_{I1} 的计算式为

$$v_{I1} = v_I \frac{R_2 // R_3}{R_1 + R_2 // R_3} + V_{DD} \frac{R_1 // R_2}{R_3 + R_1 // R_2}$$

当上式中 $v_{I1} = V_{TH}$ 时，$v_I = V_{T-}$，故得到

$$V_{TH} = V_{T-} \frac{R_2 // R_3}{R_1 + R_2 // R_3} + V_{DD} \frac{R_1 // R_2}{R_3 + R_1 // R_2}$$

$$V_{T-} = \left(V_{TH} - V_{DD} \frac{R_1 // R_2}{R_3 + R_1 // R_2} \right) \frac{R_1 + R_2 // R_3}{R_2 // R_3} = 3.3 \, (\text{V})$$

③ 回差电压为 $\Delta V_T = V_{T+} - V_{T-} = 4.1 - 3.3 = 0.8 \, (\text{V})$。

题型 2 单稳态触发电路相关参数计算

破题小记一笔

单稳态触发电路的分析按照以下方法：

(1) 分析电路的工作过程，定性地画出电路中各点电压的波形，找出决定电路状态发生转换的控制电压；

(2) 画出每个控制电压充电或放电的等效电路，并尽可能将其化简为单回路；

(3) 确定每个控制电压充电或放电的起始值、终了值和电路状态发生转换时对应的转换值；

(4) 代入计算公式求出充电或放电过程经过的时间，这个时间既是电路的暂稳态持续时间，也是输出脉冲的宽度 t_W。

例2 TTL 与非门微分型单稳态触发电路如图 7.25 所示。分析电路功能,写出输出端 v_O 及脉冲宽度 t_W 的计算公式。

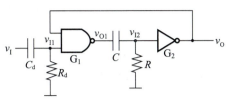

图 7.25

解析 由图 7.25 电路可知,当 $v_I = V_{IH}$ 时,门 G_1 打开,门 G_2 关闭,$v_O = V_{OH}$,电路处于稳态。此时 $v_{I1} = V_{IH}$,$v_{O1} = v_{I2} = V_{OL}$。

在 v_I 输入负脉冲的作用下,v_{I1} 随 v_I 的下降沿变为低电平,使门 G_1 关闭,v_{O1} 变为高电平。在电容 C 的耦合作用下,v_{I2} 也变为高电平,门 G_2 打开,输出 $v_O = V_{OL}$,电路进入暂态。随电容 C 的放电 v_{I2} 下降,当 v_{I2} 的值降到 G_2 的阈值电压 V_T 时,v_O 重新跳变为高电平,暂态结束,电路重新回到稳态。输出负脉冲的宽度 t_W 由电容 C 的放电过程决定。

设在 $t=0$ 时刻为暂态起始时刻,$v_{I2}(0) = V_{OH}$;$t = t_W$ 时,$v_{I2}(t_W) = V_T$;$v_{I2}(\infty) = 0$,可得 $t_W = RC\ln\dfrac{V_{OH}}{V_T}$。

题型 3 多谐振荡电路相关参数计算

例3 在图 7.26 中已知 $R = 10\text{ k}\Omega$,$C = 0.022\text{ μF}$,CMOS 施密特触发电路的 $V_{DD} = 5\text{ V}$,$V_{OH} \approx 5\text{ V}$,$V_{OL} = 0\text{ V}$,$V_{T+} = 2.75\text{ V}$,$V_{T-} = 1.67\text{ V}$,试计算输出波形的高电平持续时间 t_{PH}、低电平持续时间 t_{PL} 和占空比 q。

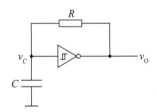

图 7.26

解析 电路的输出波形如图 7.27 所示。t_{PH}、t_{PL} 实际上就是图 7.27 中的 T_1 和 T_2,代入电容 C 充放电公式,分别求出

$$t_{PH} = T_1 = RC\ln\dfrac{V_{DD} - V_{T-}}{V_{DD} - V_{T+}}$$
$$= 10 \times 10^3 \times 0.022 \times 10^{-6} \cdot \ln\dfrac{5 - 1.67}{5 - 2.75}$$
$$= 86.2\ (\text{μs})$$

$$t_{PL} = T_2 = RC\ln\frac{V_{T+}}{V_{T-}}$$

$$= 10\times 10^3 \times 0.022 \times 10^{-6} \cdot \ln\frac{2.75}{1.67} \approx 110\,(\mu s)$$

占空比

$$q = \frac{t_{PH}}{t_{PH}+t_{PL}} = \frac{86.2}{86.2+110} = 0.439 = 43.9\%$$

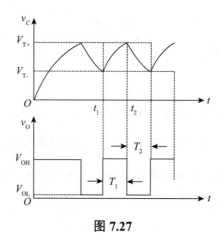

图 7.27

题型 4 555 定时器电路相关题型分析

破题小记一笔

555定时器电路能够快速准确地定位电路功能，然后代入对应计算公式。为方便大家记忆，555定时器构成的施密特触发电路、单稳态触发电路、多谐振荡电路的电路结构总结如下：

应用	电路图	结构
施密特触发电路		v_{I1}端和v_{I2}端接在一起，作为信号输入端

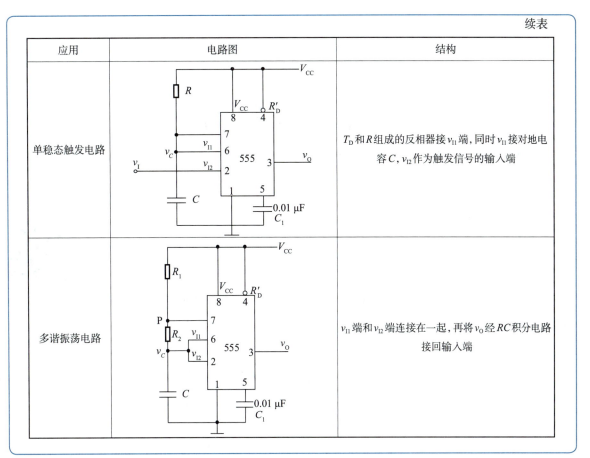

例4 利用555定时器设计一个占空比可调且输出波形对称的多谐振荡电路。

解析 电路设计如图7.28所示。原始的555定时器构成的多谐振荡器电路中，因为电容C的充电时间常数 $\tau_1 = (R_1 + R_2)C$，放电时间常数 $\tau_2 = R_2 C$，所以 T_1 总是大于 T_2，v_O 的波形不仅不可能对称，而且占空比 q 不易调节。利用半导体二极管的单向导电特性，把电容C充电和放电回路隔离开来，再加上一个电位器，便可构成占空比可调的多谐振荡电路，如图7.28所示。

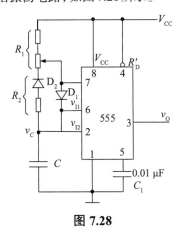

图 7.28

由于二极管的引导作用，电容C的充电时间常数 $\tau_1 = R_1 C$，放电时间常数 $\tau_2 = R_2 C$，通过与上面相同的

分析计算可得

$$T_1 = R_1 C \ln 2, \quad T_2 = R_2 C \ln 2$$

占空比为

$$q = \frac{T_1}{T} = \frac{T_1}{T_1 + T_2} = \frac{R_1 C \ln 2}{R_1 C \ln 2 + R_2 C \ln 2} = \frac{R_1}{R_1 + R_2}$$

只要改变电位器滑动端的位置,就可以方便地调节占空比 q,当 $R_1 = R_2$ 时,$q = 0.5$,v_O 就成为对称的矩形波。

解习题

1. 若反相输出的施密特触发电路输入信号波形如图 7.29 所示,试画出输出信号的波形。施密特触发电路的转换电平 V_{T+}、V_{T-} 已在输入信号波形图上标出。

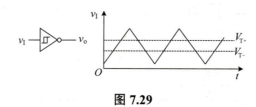

图 7.29

解析 根据施密特触发电路特性,输出 v_O 波形如图 7.30 所示。

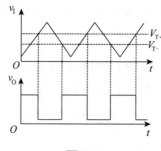

图 7.30

2. 在图 7.31 所示的用 CMOS 反相器组成的施密特触发电路中,若 $R_1 = 50 \text{ k}\Omega$,$R_2 = 100 \text{ k}\Omega$,$V_\text{DD} = 5 \text{ V}$,$V_\text{TH} = \frac{1}{2} V_\text{DD}$,试求电路的输入转换电平 V_{T+}、V_{T-} 以及回差电压 ΔV_T。

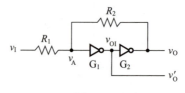

图 7.31

解析 根据施密特触发电路的原理,其阈值电压可以通过特定的计算公式得出。

$$V_{T+} = \left(1 + \frac{R_1}{R_2}\right)V_{TH} = \left(1 + \frac{50 \times 10^3}{100 \times 10^3}\right) \times 2.5 = 3.75\,(V)$$

$$V_{T-} = \left(1 - \frac{R_1}{R_2}\right)V_{TH} = \left(1 - \frac{50 \times 10^3}{100 \times 10^3}\right) \times 2.5 = 1.25\,(V)$$

回差电压为

$$\Delta V_T = V_{T+} - V_{T-} = 3.75 - 1.25 = 2.5\,(V)$$

3. 在图7.32(a)所示的施密特触发电路中,已知 $R_1 = 10\,k\Omega$,$R_2 = 30\,k\Omega$。G_1 和 G_2 为CMOS反相器,$V_{DD} = 15\,V$。

(1)试计算电路的正向阈值电压 V_{T+}、负向阈值电压 V_{T-} 和回差电压 ΔV_T;

(2)若将图7.32(b)给出的电压信号加到图7.32(a)电路的输入端,试画出输出电压的波形。

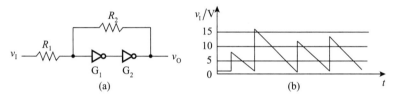

图 7.32

解析 (1)根据施密特触发电路相关公式,正向阈值电压为

$$V_{T+} = \left(1 + \frac{R_1}{R_2}\right)V_{TH} = \left(1 + \frac{10 \times 10^3}{30 \times 10^3}\right) \times \frac{15}{2} = 10\,(V)$$

负向阈值电压为

$$V_{T-} = \left(1 - \frac{R_1}{R_2}\right)V_{TH} = \left(1 - \frac{10 \times 10^3}{30 \times 10^3}\right) \times \frac{15}{2} = 5\,(V)$$

回差电压为

$$\Delta V_T = V_{T+} - V_{T-} = 5\,(V)$$

(2)将题目给定的输入波形加到施密特触发电路输入端,输出电压的波形如图7.33所示。

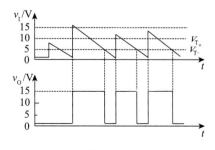

图 7.33

4. 图7.34是用CMOS反相器接成的压控施密特触发电路,试分析它的转换电平 V_{T+}、V_{T-} 以及回差电压 ΔV_T 与控制电压 V_{CO} 的关系。

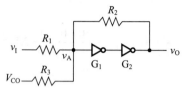

图 7.34

解析 根据电压叠加定理,设反相器 G_1 输入端电压为 v_A,得到

$$v_A = v_I \frac{R_2//R_3}{R_1+R_2//R_3} + V_{CO}\frac{R_1//R_2}{R_3+R_1//R_2} + v_O\frac{R_1//R_3}{R_2+R_1//R_3}$$

①在 v_I 升高过程中 $v_O = 0$。当升至 $v_A = V_{TH}$ 时,$v_I = V_{T+}$,可得到

$$V_{TH} = V_{T+}\frac{R_2//R_3}{R_1+R_2//R_3} + V_{CO}\frac{R_1//R_2}{R_3+R_1//R_2}$$

$$V_{T+} = \left(V_{TH} - V_{CO}\frac{R_1//R_2}{R_3+R_1//R_2}\right)\frac{R_1+R_2//R_3}{R_2//R_3}$$

$$= V_{TH}\left(1+\frac{R_1}{R_3}+\frac{R_1}{R_2}\right) - \frac{R_1}{R_3}V_{CO}$$

②在 v_I 降低过程中 $v_O = V_{DD}$。当 $v_A = V_{TH}$ 时,$v_I = V_{T-}$,可得

$$V_{TH} = V_{T-}\frac{R_2//R_3}{R_1+R_2//R_3} + V_{CO}\frac{R_1//R_2}{R_3+R_1//R_2} + V_{DD}\frac{R_1//R_3}{R_2+R_1//R_3}$$

$$V_{T-} = \left(V_{TH} - V_{CO}\frac{R_1//R_2}{R_3+R_1//R_2} - V_{DD}\frac{R_1//R_3}{R_2+R_1//R_3}\right)\frac{R_1+R_2//R_3}{R_2//R_3}$$

$$= V_{TH}\left(1+\frac{R_1}{R_3}-\frac{R_1}{R_2}\right) - \frac{R_1}{R_3}V_{CO}$$

③回差电压为

$$\Delta V_T = V_{T+} - V_{T-} = 2\frac{R_1}{R_2}V_{TH} = \frac{R_1}{R_2}V_{DD}$$

从而可知,回差电压 ΔV_T 与 V_{CO} 无关。

5. 略。

6. 在图7.35(a)所示的整形电路中,输入电压 v_I 的波形如图7.35(b)所示,假定它的低电平持续时间比 R、C 电路的时间常数大得多。

(1) 试画出输出电压 v_O 的波形;

(2)能否用图7.35(a)的电路作单稳态电路使用？试说明理由。

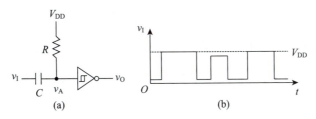

图 7.35

解析 (1)由于RC电路的时间常数远小于输入信号v_I的低电平持续时间，该RC电路表现为微分电路。因此，输出v_A的波形将是输入v_I的微分形式，即v_A的波形会在v_I的上升沿和下降沿处产生尖峰脉冲。画出v_A的波形，并画出v_O的波形，如图7.36所示。

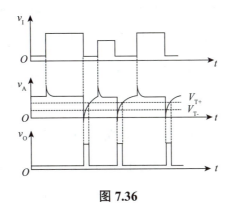

图 7.36

(2)由于v_A的脉冲幅度直接受输入信号v_I的幅度以及v_I下降沿的陡峭程度影响，进而导致v_O输出脉冲的宽度也与v_I的特性紧密相关，而并非仅由电路内部的参数决定。因此，该电路无法简单地作为单稳态电路使用，因为其输出状态不仅依赖于电路自身，还显著受到输入信号特性的调制。

7. 在图7.37给出的微分型单稳态电路中，已知$R = 51\,\text{k}\Omega$，$C = 0.01\,\mu\text{F}$，电源电压$V_{DD} = 10\,\text{V}$，试求在触发信号作用下输出脉冲的宽度和幅度。

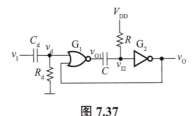

图 7.37

解析 在触发信号作用下，该电路输出脉冲宽度为

$$t_W = RC\ln 2 = 51\times 10^3 \times 0.01\times 10^{-6} \times 0.69 = 0.35\,(\text{ms})$$

输出脉冲幅度为

$$V_m = V_{OH} - V_{OL} \approx V_{DD} = 10\,(\text{V})$$

8. 在图 7.38 所示的积分型单稳态电路中,若 G_1 和 G_2 为 74LS 系列门电路,它们的 $V_{OH}=3.4\,\text{V}$,$V_{OL}\approx 0$,$V_{TH}=1.1\,\text{V}$,$R=1\,\text{k}\Omega$,$C=0.01\,\mu\text{F}$,试求在触发信号作用下输出负脉冲的宽度。设触发脉冲的宽度大于输出脉冲的宽度。

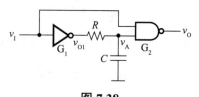

图 7.38

解析 设定门电路在输出低电平时,其电压值 V_{OL} 近似为 0,并且输出电阻 R_O 极小,几乎可以忽略不计。基于这些条件,在触发信号的作用下,输出负脉冲的宽度可以通过特定的计算方式来确定。

$$t_W = RC\ln\frac{V_{OH}}{V_{TH}} = 1\times 10^3 \times 0.01\times 10^{-6}\ln\frac{3.4}{1.1}$$
$$= 11.3\,(\mu\text{s})$$

9. 图 7.39 是用 TTL 门电路接成的微分型单稳态电路,其中 R_d 阻值足够大,保证稳态时 v_A 为高电平。R 的阻值很小,保证稳态时 v_{I2} 为低电平。试分析该电路在给定触发信号 v_I 作用下的工作过程,画出 v_A、v_{O1}、v_{I2} 和 v_O 的电压波形。C_d 的电容量很小,它与 R_d 组成微分电路。

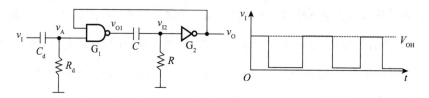

图 7.39

解析 由图 7.39 可知,R 的阻值很小,所以 $v_{I2} < V_{TH}$,故稳态下 $v_O = V_{OH}$;而 R_d 阻值很大,使 $v_A \geq V_{TH}$,故稳态下 $v_{O1} = V_{OL}$。

当 v_I 端负脉冲信号触发时,V_A 处出现负向的微分脉冲,v_{O1} 和 v_{I2} 产生正的电压跳变,因此 v_O 跳变为低电平。由于 v_O 的低电平反馈到门 G_1 的输入,所以在 v_A 的低电平信号消失后 v_{O1} 的高电平和 v_O 的低电平仍继续维持,而且这种正反馈使 v_O 波形的边沿很陡。

v_{O1} 跳变成高电平以后电容 C 开始充电,随着充电的进行 v_{I2} 逐渐下降,当降至 $v_{I2}=V_{TH}$ 时 v_O 跳变为高电平、v_{O1} 跳变为低电平,电容 C 放电,电路恢复到触发前的稳定状态。

电路中各点电压的波形如图7.40所示。从v_A的波形上可见,因为v_O的低电平反馈到了门G_1的输入端,所以在v_O低电平期间v_A一直被钳在低电平上。 <u>TTL与非门的电压钳制作用</u>

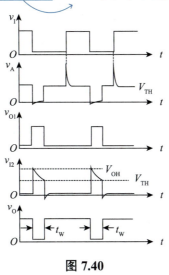

图 7.40

10. 在图7.39所示的微分型单稳态电路中,若G_1和G_2为74系列TTL门电路,它们的$V_{OH}=3.2\text{ V}$,$V_{OL}\approx 0$,$V_{TH}=1.3\text{ V}$,$R=0.3\text{ k}\Omega$,$C=0.01\text{ μF}$,试计算电路输出负脉冲的宽度。

解析 由图7.41可知,输出脉冲的宽度主要由v_{I2}信号控制,具体等于从电容开始充电到其电压降至阈值电压V_{TH}所需的时间。在忽略门G_2的输出电阻R_O以及门G_1在高电平输入时的电流影响后,整个充电回路可以简化为仅由电阻R和电容C串联而成的电路。电容充电的回路可等效为图7.42所示。

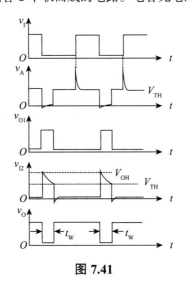

图 7.41

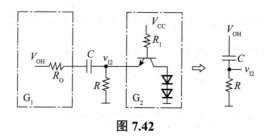

图 7.42

v_{I2} 从 V_{OH}(电容开始充电瞬时的 v_{I2} 值)下降至 V_{TH} 的时间,即输出脉冲的宽度为

$$t_W = RC \ln \frac{V_{OH}}{V_{TH}} = 0.3 \times 10^3 \times 0.01 \times 10^{-6} \ln \frac{3.2}{1.3}$$
$$= 2.7 \ (\mu s)$$

11、12. 略。

13. 图 7.43 是用 CMOS 反相器组成的对称式多谐振荡电路,若 $R_{F1} = R_{F2} = 10 \text{ k}\Omega$,$C_1 = C_2 = 0.01 \mu F$,$R_{P1} = R_{P2} = 33 \text{ k}\Omega$,试求电路的振荡频率,并画出 v_{I1}、v_{O1}、v_{I2}、v_{O2} 各点的电压波形。

> 同学们要对"足够大""很大""非常大"("足够小""很小""非常小")这类形容词足够敏感,一律等同为"无穷大"("无穷小")

图 7.43

解析 在 R_{P1}、R_{P2} 足够大的条件下,反相器的输入电流可以忽略不计。在电路参数对称的情况下,电容的充电时间和放电时间相等,据此画出的各点电压波形如图 7.44(a) 所示。图 7.44(b) 所示为电容充、放电的等效电路。

由等效电路求得振荡周期为

$$T = 2\left[R_F + R_{ON(N)} + R_{ON(P)}\right] C \ln \frac{V_{DD} - (V_{TH} - V_{DD})}{V_{DD} - V_{TH}}$$

在 $R_F \gg R_{ON(N)}$、$R_F \gg R_{ON(P)}$、$V_{TH} = \frac{1}{2} V_{DD}$ 的条件下,可将上式写成

$$T = 2R_F C \ln 3$$

> CMOS 的隐藏条件,一般题目不会给出,但同学们要知道使用

将给定的 R_F、C 值代入上式后得到

$$T = 2 \times 10 \times 10^3 \times 0.01 \times 10^{-6} \times 1.1 = 2.2 \times 10^{-4} \ (s)$$

故得到振荡频率为

$$f = \frac{1}{T} = 4.55 \ (\text{kHZ})$$

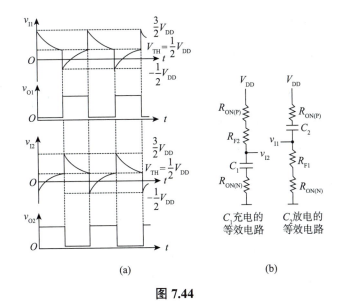

图 7.44

14~17. 略。

18. 在图 7.45 电路中，已知 CMOS 集成施密特触发电路的电源电压 $V_{DD}=15\text{ V}$，$V_{T+}=9\text{ V}$，$V_{T-}=4\text{ V}$，试问：

(1) 为了得到占空比为 $q=50\%$ 的输出脉冲，R_1 与 R_2 的比值应取多少？

(2) 若给定 $R_1=3\text{ k}\Omega$，$R_2=8.2\text{ k}\Omega$，$C=0.05\text{ μF}$，电路的振荡频率为多少？输出脉冲的占空比又是多少？

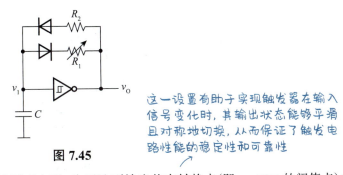

图 7.45

解析 (1) CMOS 施密特触发电路的设计原理表明，为了达到输出状态转换点(即 $q=50\%$ 的阈值点)的精确控制，关键在于确保触发器内部的两个关键参数 T_1 和 T_2 相等，即

$$R_2 C \ln\frac{V_{DD}-V_{T-}}{V_{DD}-V_{T+}} = R_1 C \ln\frac{V_{T+}}{V_{T-}}$$

故

$$\frac{R_2}{R_1} = \frac{\ln\dfrac{V_{T+}}{V_{T-}}}{\ln\dfrac{V_{DD}-V_{T-}}{V_{DD}-V_{T+}}} = \frac{\ln\dfrac{9}{4}}{\ln\dfrac{11}{6}} = \frac{4}{3}$$

(2)根据题意,计算电路的振荡频率。

$$T = T_1 + T_2 = R_2 C \ln \frac{V_{DD} - V_{T-}}{V_{DD} - V_{T+}} + R_1 C \ln \frac{V_{T+}}{V_{T-}}$$

$$= 8.2 \times 10^3 \times 0.05 \times 10^{-6} \ln \frac{11}{6} + 3 \times 10^3 \times 0.05 \times 10^{-6} \ln \frac{9}{4}$$

$$= 0.25 + 0.12 = 0.37 \text{ (ms)}$$

$$f = \frac{1}{T} = 2.7 \text{ (kHZ)}$$

因此可得输出脉冲的占空比为

$$q = \frac{T_1}{T} = \frac{0.25}{0.37} = 0.68 = 68\%$$

19. 在图7.46所示用555定时器接成的施密特触发电路中,试求:

(1)当$V_{CC}=12\,\text{V}$,而且没有外接控制电压时,V_{T+}、V_{T-}及ΔV_T值;

(2)当$V_{CC}=9\,\text{V}$、外接控制电压$V_{CO}=5\,\text{V}$时,V_{T+}、V_{T-}、ΔV_T各为多少。

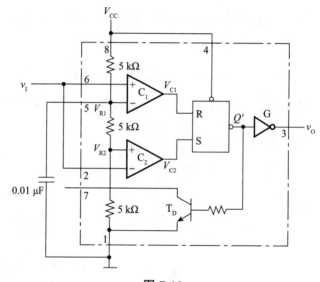

图 7.46

解析 (1)当$V_{CC}=12\,\text{V}$,且没有外接控制电压时,可计算$V_{T+}=\frac{2}{3}V_{CC}=8\,(\text{V})$,$V_{T-}=\frac{1}{3}V_{CC}=4\,(\text{V})$,$\Delta V_T=V_{T+}-V_{T-}=4\,(\text{V})$。

(2)当$V_{CC}=9\,\text{V}$,外接控制电压$V_{CO}=5\,\text{V}$时,有$V_{T+}=V_{CO}=5\,(\text{V})$,$V_{T-}=\frac{1}{2}V_{CO}=2.5\,(\text{V})$,$\Delta V_T=V_{T+}-V_{T-}=2.5\,(\text{V})$。

20. 图7.47所示为用555定时器组成的开机延时电路。若给定 $C=25\,\mu\text{F}$，$R=91\,\text{k}\Omega$，$V_{CC}=12\,\text{V}$，试计算常闭开关S断开以后经过多长的延迟时间 v_O 才跳变为高电平。

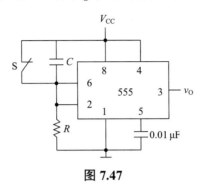

图 7.47

解析 当S断开后，延迟时间等于从S断开瞬间到电阻R上的电压降至 $V_{T-}=\dfrac{1}{3}V_{CC}$ 的时间，即

$$T_D = RC\ln\dfrac{0-V_{CC}}{0-\dfrac{1}{3}V_{CC}} = RC\ln 3 = 1.1\times 91\times 10^3 \times 25\times 10^{-6} = 2.5\,(\text{s})$$

21. 试用555定时器设计一个单稳态电路，要求输出脉冲宽度在 $1\sim 10\,\text{s}$ 的范围内可手动调节。给定555定时器的电源为15 V。触发信号来自TTL电路，高低电平分别为3.4 V和0.1 V。

解析 ①为了确保图7.48所示的单稳态电路能够正常工作，触发信号必须满足特定的条件：它必须能够将引脚2的触发输入电压拉低到阈值电压 V_{T-} 以下，以触发电路进入暂稳态；同时，在触发信号到来之前，引脚2的输入电压应保持在 V_{T-} 之上，以避免误触发。由于给定的 V_{T-} 为5 V，但触发脉冲的最高电平仅能达到3.4 V，这不足以直接拉低引脚2的电压到 V_{T-} 以下。

因此，需要在触发信号的输入端加入分压电阻 R_1 和 R_2，通过合理的阻值选择，使得在没有触发脉冲时，引脚2的输入电压能够略高于5 V，从而确保电路的稳定性。取 R_1 为 $22\,\text{k}\Omega$，R_2 为 $18\,\text{k}\Omega$，通过这两个电阻分压后，引脚2的输入电压可提升至6.75 V。当触发脉冲到来时，它会通过微分电容 C_d 耦合到引脚2，由于脉冲的负跳变与 C_d 共同作用，故能够迅速将引脚2的电压拉低至 V_{T-} 以下，从而有效触发单稳态电路。

②取 $C=100\,\mu\text{F}$，为使 $t_W = 1\sim 10\,\text{s}$，可求出R的阻值变化范围。

$$R_{(\min)} = \dfrac{t_{W(\min)}}{1.1C} = \dfrac{1}{1.1\times 100\times 10^{-6}} = 9.1\,(\text{k}\Omega)$$

$$R_{(\max)} = \dfrac{t_{W(\max)}}{1.1C} = \dfrac{10}{1.1\times 100\times 10^{-6}} = 91\,(\text{k}\Omega)$$

取 $100\,\text{k}\Omega$ 的电位器与 $8.2\,\text{k}\Omega$ 电阻串联作为R，即可得到 $t_W = 1\sim 10\,\text{s}$ 的调节范围。

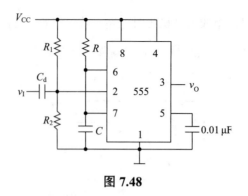

图 7.48

22. 略。

23. 图 7.49 所示为用 555 定时器构成的压控振荡电路，试求输入控制电压 v_I 和振荡频率之间的关系式。当 v_I 升高时频率是升高还是降低？

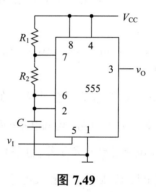

图 7.49

解析 根据题意以及 555 定时器构成的多谐振荡电路公式可知，该电路振荡周期为

$$T = T_1 + T_2 = (R_1 + R_2)C\ln\frac{V_{CC} - V_{T-}}{V_{CC} - V_{T+}} + R_2 C\ln\frac{V_{T+}}{V_{T-}}$$

将 $V_{T+} = v_I$，$V_{T-} = \dfrac{1}{2}v_I$ 代入上式后得到

$$T = (R_1 + R_2)C\ln\frac{V_{CC} - \dfrac{1}{2}v_I}{V_{CC} - v_I} + R_2 C\ln 2$$

因此，当 v_I 升高时，T 变大，振荡频率下降。

24. 图 7.50 所示一个简易电子琴电路，当琴键 $S_1 \sim S_n$ 均未被按下时，三极管 T 接近饱和导通，v_E 约为 0，使 555 定时器组成的振荡电路停振。当按下不同琴键时，因 $R_1 \sim R_n$ 的阻值不等，扬声器发出不同的声音。若 $R_B = 20\ \text{k}\Omega$，$R_1 = 10\ \text{k}\Omega$，$R_E = 2\ \text{k}\Omega$，三极管的电流放大系数 $\beta = 150$，$V_{CC} = 12\ \text{V}$，定时器外接电阻、电容参数如图 7.50 所示，试计算按下琴键 S_1 时扬声器发出声音的频率。

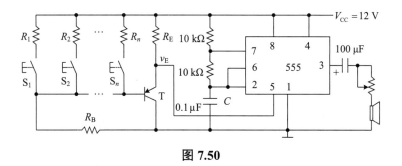

图 7.50

解析 根据题目条件,当按钮 S_1 被按下时,如果忽略三极管 T 的基极电流(即假设其为零),那么可以认为通过电阻 R_1 的电流与通过电阻 R_B 的电流是相等的。基于这一假设,我们可以进一步推断出在 R_1 上产生的电压降将完全由 R_1 的阻值分压决定。

$$V_{R_1} \approx \frac{R_1}{R_1+R_B}V_{CC} = 4\,(\text{V})$$

设 T 为 PNP 型锗三极管,导通时 $V_{BE}=0.3\,\text{V}$,则 R_E 上的电压为

$$V_{R_E} = V_{R_1} - V_{BE} = 3.7\,(\text{V})$$

因此得到

$$v_E = V_{CC} - V_{R_E} = 8.3\,(\text{V})$$

由于 v_E 接到了 555 定时器的 V_{CO} 端,因此参考电压 V_{CO} 介入,则根据以上计算结果可得

$$\begin{aligned}T &= (R_1+R_2)C\ln\frac{V_{CC}-\dfrac{1}{2}v_E}{V_{CC}-v_E}+R_2 C\ln 2 \\ &= 20\times 10^3 \times 0.1\times 10^{-6}\ln\frac{12-4.15}{12-8.3}+10\times 10^3 \times 0.1\times 10^{-6}\times 0.69 \\ &= 1.5\times 10^{-3}+0.69\times 10^{-3} = 2.19\times 10^{-3}\,(\text{s})\end{aligned}$$

$$f = \frac{1}{T} = 457\,(\text{Hz})$$

25. 图 7.51 所示为用两个 555 定时器接成的延迟报警器。当开关 S 断开后,经过一定的延迟时间后扬声器开始发出声音。如果在延迟时间内 S 重新闭合,扬声器不会发出声音。在图中给定的参数下,试求延迟时间的具体数值和扬声器发出声音的频率。图中的 G_1 是 CMOS 反相器,输出的高、低电平分别为 $V_{OH}\approx 12\,\text{V}$,$V_{OL}\approx 0$。

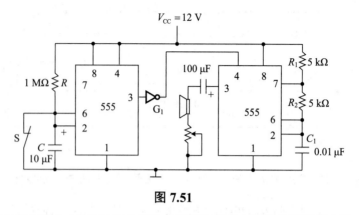

图 7.51

解析 在图7.51中，自左到右两个555定时器分别构成施密特触发电路和多谐振荡电路。当开关S断开后，电容C充电，充至$V_{T+}=\dfrac{2}{3}V_{CC}$时，反相器$G_1$输出高电平，多谐振荡电路开始振荡。故延迟时间为

$$T_D = RC\ln\dfrac{V_{CC}}{V_{CC}-V_{T+}}$$
$$= 10^6 \times 10 \times 10^{-6} \ln\dfrac{12}{12-8}$$
$$= 11\,(\text{s})$$

振荡电路的振荡频率，即扬声器发出声音的频率为

$$f = \dfrac{1}{(R_1+2R_2)C_1\ln 2} = \dfrac{1}{15\times 10^3 \times 0.01\times 10^{-6}\times 0.69}$$
$$= 9.66\,(\text{kHz})$$

26. 图7.52所示为救护车扬声器发音电路。在图中给出的电路参数下，试计算扬声器发出声音的高、低音频率以及高、低音的持续时间。当$V_{CC}=12\,\text{V}$时，555定时器输出的高、低电平分别为11 V和0.2 V，输出电阻小于$100\,\Omega$。

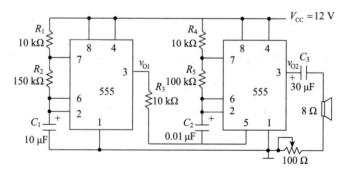

图 7.52

解析 图7.52中两个555定时器均接成了多谐振荡电路。

① 根据题意可得 v_{O1} 的高电平持续时间为

$$t_H = (R_1 + R_2)C_1 \ln 2 = 160 \times 10^3 \times 10 \times 10^{-6} \times 0.69 = 1.1\,(s)$$

此时，$v_{O1} = 11\,V$。因此，由图7.53可以用叠加定理计算出加到右边555定时器5脚上的电压 $V_{CO} = 8.8\,V$。

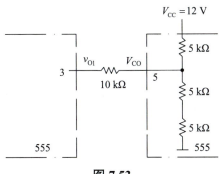

图 7.53

所以，$V_{T+} = 8.8\,V$、$V_{T-} = 4.4\,V$。振荡电路的振荡频率，即扬声器声音的周期为

$$T_1 = (R_4 + R_5)C_2 \ln \frac{V_{CC} - V_{T-}}{V_{CC} - V_{T+}} + R_5 C_2 \ln 2$$

$$= 110 \times 10^3 \times 0.01 \times 10^{-6} \ln \frac{12-4.4}{12-8.8} + 100 \times 10^3 \times 0.01 \times 10^{-6} \times 0.69$$

$$= 1.64 \times 10^{-3}\,(s)$$

$$f_1 = \frac{1}{T_1} = 610\,(Hz)$$

② 由题意可得，v_{O1} 的低电平持续时间为

$$t_L = R_2 C_1 \ln 2 = 150 \times 10^3 \times 10 \times 10^{-6} \times 0.69$$
$$= 1.04\,(s)$$

此时，$v_{O1} = 0.2\,V$，由图7.53可以计算出加到右边一个555定时器5脚上的电压 $V_{CO} = 6\,V$，故 $V_{T+} = 6\,V$、$V_{T-} = 3\,V$。振荡周期为

$$T_2 = 110 \times 10^3 \times 0.01 \times 10^{-6} \ln \frac{12-3}{12-6} + 100 \times 10^3 \times 0.01 \times 10^{-6} \times 0.69$$

$$= 1.14 \times 10^{-3}\,(s)$$

$$f_2 = \frac{1}{T_2} = 877\,(Hz)$$

至此可知，高音频率为877 Hz，持续时间1.04 s；低音频率为610 Hz，持续时间1.1 s。

27. 图7.54(a)所示为用555定时器接成的脉冲宽度调制电路,其中 $R=18\text{ k}\Omega$,$C=0.01\text{ μF}$。若 $V_{DD}=5\text{ V}$,触发输入信号 v_I 和调制输入信号 V_M 的电压波形如图7.54(b)所示,试画出与之对应的输出电压波形,并计算 V_M 分别为 2 V、3 V、4 V 时输出脉冲的宽度。

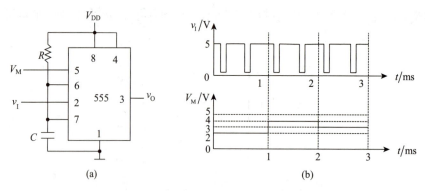

图 7.54

解析 在图7.54(a)所示的脉冲宽度调制电路中,输出脉冲宽度由调制输入信号 V_M 控制,通过调整 V_M 可改变电容充电的速率,从而影响输出脉冲的宽度。根据单稳态电路输出脉冲宽度的公式,将式中电容充电过程的转换值改为 V_M,就得到了计算图7.54(a)电路输出脉冲宽度的公式,得

$$t_W = \frac{RC\ln(V_{DD}-0)}{V_{DD}-V_M}$$

根据上式计算得到:当 $V_M=2\text{ V}$ 时,$t_W=0.09\text{ ms}$;当 $V_M=3\text{ V}$ 时,$t_W=0.16\text{ ms}$;当 $V_M=4\text{ V}$ 时,$t_W=0.29\text{ ms}$。输出脉冲的波形图如图7.55所示。

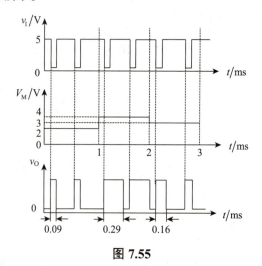

图 7.55

第八章 数-模和模-数转换

模-数转换器（A/D转换器）与数-模转换器（D/A转换器）分别负责将模拟信号转换为数字信号，以及将数字信号转换为模拟信号。本章详尽阐述了这两种转换器的基本工作原理，剖析了它们的常见类型，并深入探讨了各自的主要技术指标。

对于A/D转换器，考生需掌握其如何将模拟量的值转换为对应的数字编码，理解不同转换方法的优劣。同样地，D/A转换器的学习重点在于掌握其如何根据数字输入信号产生相应的模拟电压或电流输出，以及转换精度、速度等关键参数的评估。

本章的核心考点聚焦于各类A/D转换器与D/A转换器的基本原理、独特特点及主要参数的详细分析与计算方法，旨在帮助考生构建坚实的理论基础，为后续电子系统设计与应用奠定扎实基础。

8.1 D/A 转换器

一、D/A 转换器的基本原理

D/A转换器的基本工作原理是将数字量通过编码按数位组合，其中每位代码代表不同的权重（即有权码），然后将这些按权重排列的代码分别转换为相应大小的模拟量，并将这些模拟量叠加起来，最终得到一个与原始数字量成比例的总模拟量。这一过程实现了数字信号到模拟信号的转换。

图 8.1 所示为 D/A 转换器的输入、输出关系框图，$d_0 \sim d_{n-1}$ 是输入的 n 位二进制数，v_O 是与输入二进制数成比例的输出电压。图 8.2 所示为一个输入为 3 位二进制数时 D/A 转换器的转换特性，它具体而形象地反映了 D/A 转换器的基本功能。

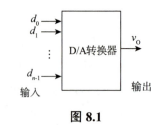

图 8.1

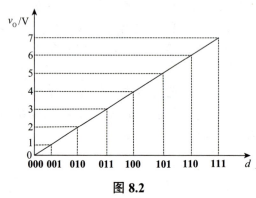

图 8.2

二、权电阻网络 D/A 转换器

> 权电阻网络 D/A 转换器的优点是结构比较简单，所用的电阻元件数很少。它的缺点是各个电阻的阻值相差较大，尤其是在输入信号的位数较多时，这个问题就更加突出

权电阻网络 D/A 转换器结构如图 8.3 所示。S_3、S_2、S_1 和 S_0 是 4 个电子开关，它们的状态分别受输入代码 d_3、d_2、d_1 和 d_0 的取值控制，代码为 **1** 时开关接到参考电压 V_{REF} 上，代码为 **0** 时开关接地。故 $d_i = 1$ 时有支路电流 I_i 流向求和放大器，$d_i = 0$ 时支路电流为零。最右边的求和放大器是一个接成负反馈的运算放大器。根据求和放大器性质，可以得到

> 各支路电流为 $I_i = \dfrac{V_{REF}}{R_i} \cdot d_i$（其中 R_i 表示对应支路的电阻值，$d_i = 1$ 时有电流）

$$v_O = -\frac{V_{REF}}{2^4}(d_3 2^3 + d_2 2^2 + d_1 2^1 + d_0 2^0)$$

对于 n 位的权电阻网络 D/A 转换器，当反馈电阻取为 $R/2$ 时，输出电压的计算公式可写成

$$v_O = -\frac{V_{REF}}{2^n}(d_{n-1} 2^{n-1} + d_{n-2} 2^{n-2} + \cdots + d_1 2^1 + d_0 2^0) = -\frac{V_{REF}}{2^n} D_n$$

v_O 的最大变化范围是 $0 \sim -\dfrac{2^n - 1}{2^n} V_{REF}$。

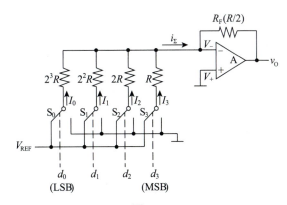

图 8.3

三、倒 T 形电阻网络 D/A 转换器

倒T形电阻网络D/A转换器的优点在于电路网络中只有 R、$2R$ 两种电阻,克服了权电阻网络阻值相差太大的缺点。它的缺点在于模拟开关存在导通电阻,容易引起误差。

4位倒T形电阻网络D/A转换器的原理图如图8.4所示。其中,$S_0 \sim S_3$ 为模拟开关,R—$2R$ 电阻解码网络呈倒T形,运算放大器A构成求和电路。S_i 由输入数码 d_i 控制,当 $d_i = 1$ 时,S_i 接运算放大器的反相输入端("虚地"),I_i 流入求和电路;当 $d_i = 0$ 时,S_i 将电阻 $2R$ 接地。

从每个接点向左看的二端网络等效电阻均为 R,流入每个 $2R$ 电阻的电流从高位到低位按2的整倍数递减。设由基准电压源提供的总电流 $I = V_{REF}/R$,则流过各开关支路(从右到左)的电流分别为 $I/2$、$I/4$、$I/8$ 和 $I/16$。

总电流
$$i_\Sigma = I\left(\frac{d_0}{2^4} + \frac{d_1}{2^3} + \frac{d_2}{2^2} + \frac{d_3}{2^1}\right)$$

输出电压
$$v_O = -i_\Sigma R_F = -\frac{V_{REF}}{2^4}\sum_{i=0}^{3}(d_i \cdot 2^i)$$

将输入数字量扩展到 n 位,可得 n 位倒T形电阻网络D/A转换器输出模拟量与输入数字量之间的一般关系式如下:

$$v_O = -\frac{V_{REF}}{2^n}\sum_{i=0}^{n-1}(d_i \cdot 2^i) = -\frac{V_{REF}}{2^n}D_n$$

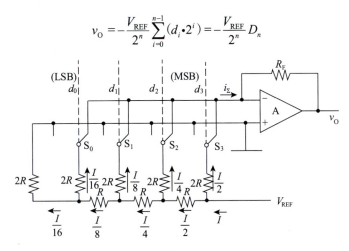

图 8.4

倒T形电阻网络D/A转换器若要具有较高的精度,参数需满足以下条件。

①基准电压稳定性好,这是确保D/A转换器输出精度的基础,因为基准电压的任何波动都会直接影响转换结果。

②倒T形电阻网络中R和$2R$电阻的比值精度要高。在倒T形电阻网络D/A转换器中,电阻比值(特别是R和$2R$的比值)的精度直接决定了电流分配的比例,进而影响转换精度,因此,这些电阻的匹配度和精度至关重要。

③每个模拟开关的开关电压降要相等。

> 这一点在实际工程中可能略有差异。实际应用中,更关注的是模拟开关的导通电阻是否一致且足够小,以及它们对信号引入的噪声和失真是否足够低。虽然开关电压降(或称为导通压降)也是一个因素,但在高精度D/A转换器中,更常见的是关注导通电阻的一致性和对电路性能的影响。这点同学们要有个印象。

由于在倒T形电阻网络D/A转换器中,各支路电流直接流入运算放大器的输入端,故它们之间不存在传输上的时间差。电路的这一特点不但提高了转换速度,而且也减少了动态过程中输出端可能出现的尖脉冲。

四、权电流型D/A转换器

尽管倒T形电阻网络D/A转换器在转换速度上表现优异,但其性能受限于模拟开关的导通电阻和导通压降,这导致电流在流经各支路时即便发生微小变化,也可能引发显著的转换误差。为了克服这一缺陷并提升转换精度,权电流型D/A转换器便成为一个更优的选择。图8.5所示为权电流型D/A转换器的原理电路,这组恒流源从高位到低位电流的大小依次为$I/2$、$I/4$、$I/8$、$I/16$。

当输入数字量的某一位代码$d_i=1$时,开关S_i接运算放大器的反相输入端,相应的权电流流入求和电路;当$d_i=0$时,开关S_i接地。分析该电路可得出

$$v_O = i_\Sigma R_F = R_F \left(\frac{I}{2}d_3 + \frac{I}{4}d_2 + \frac{I}{8}d_1 + \frac{I}{16}d_0 \right)$$

$$= \frac{I}{2^4} \cdot R_F (d_3 2^3 + d_2 2^2 + d_1 2^1 + d_0 2^0) = \frac{I}{2^4} \cdot R_F \sum_{i=0}^{3}(d_i \cdot 2^i)$$

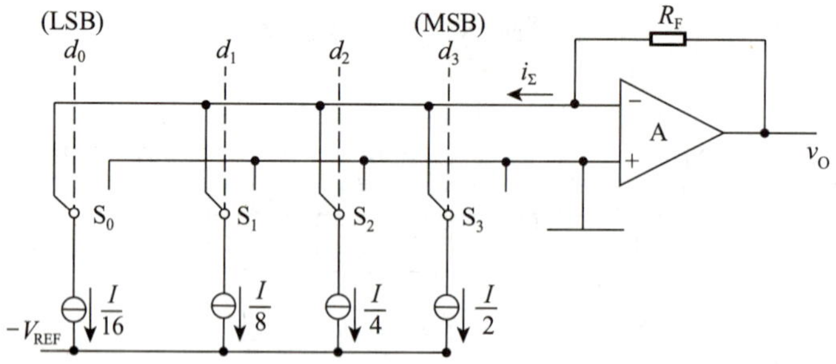

图8.5

采用了恒流源电路之后,各支路权电流的大小均不受开关导通电阻和导通压降的影响,这就降低了对开关电路的要求,提高了转换精度。

五、具有双极性输出的 D/A 转换器

如图 8.6 所示，在 D/A 转换电路中增设了由 R_B 和 V_B 组成的偏移电路即可构成具有双极性输出的 D/A 转换器。为了使输入代码为 **100** 时的输出电压等于零，只要使 I_B 与此时的 i_Σ 大小相等即可。故可得

$$\frac{|V_B|}{R_B} = \frac{I}{2} = \frac{|V_{REF}|}{2R}$$

输出电压公式为 $v_O = -I \cdot R_F = -(i_\Sigma + I_B) \cdot R_F$。 ← 注意 i_Σ 及 I_B 的符号

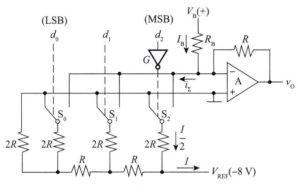

图 8.6

构成双极性输出 D/A 转换器的一般方法：只要在求和放大器的输入端接入一个偏移电流，使输入最高位为 1 而其他各位输入为 0 时的输出 $v_O = 0$，同时将输入的符号位反相后接到一般的 D/A 转换器的输入，就得到了双极性输出的 D/A 转换器。

六、D/A 转换器的主要技术指标

1. 转换精度

D/A 转换器的转换精度通常用分辨率和转换误差来描述。

（1）分辨率——D/A 转换器模拟输出电压可能被分离的等级数。

↳ 即输入的二进制数码

<u>输入数字量</u>的位数表示 D/A 转换器的分辨率，此外，也可以用 D/A 转换器能分辨的最小输出电压(此时输入的数字代码只有最低有效位为 **1**，其余各位都是 **0**)与最大输出电压(此时输入的数字代码各有效位全为 **1**)之比计算分辨率。n 位 D/A 转换器的分辨率可表示为 $\dfrac{1}{2^n-1}$，它表示 D/A 转换器在理论上可以达到的精度。

（2）转换误差。

转换误差指输出电压实际值与理论值之差，通常用输出电压满刻度的百分数或最低有效位数字的倍数来表示。造成转换误差的主要原因有**参考电压 V_{REF} 的波动**(比例系数误差)、**运算放大器的零点漂移**(偏移误差或平移误差)、**模拟开关的导通内阻和导通压降**(非线性误差)、**电阻网络中电阻阻值的偏差**(非线

性误差)以及三极管特性的不一致等。

2. 转换速度

①建立时间 t_{set}。

建立时间 t_{set} 指从输入数字量发生突变开始,直到输出电压进入与稳态值相差 ±LSB/2 范围以内的一段时间。

②转换速率(SR)。

转换速率(SR)指大信号工作状态下模拟电压的变化率。

3. 温度系数 同学们对于这点有印象即可,属于额外补充内容

温度系数指在输入不变的情况下,输出模拟电压随温度变化产生的变化量。一般用满刻度输出条件下温度每升高 1℃,输出电压变化的百分数作为温度系数。

8.2 A/D 转换器

一、A/D 转换的一般步骤

一般 A/D 转换过程是通过取样、保持、量化和编码这四个步骤完成的。

1. 取样和保持

为了保证从取样信号中能够恢复原信号,取样频率必须满足:

$$f_s \geq 2f_{i(\max)}$$

其中,f_s 为取样频率,$f_{i(\max)}$ 为输入模拟信号的最高频率。

若取样频率提高,则每次进行转换的时间相应地会缩短,这就要求转换电路必须具备更快的工作速度。因此不能无限制地提高取样频率,通常取 $f_s = (3 \sim 5) \cdot f_{i(\max)}$。对输入模拟信号的取样保持的典型例子如图 8.7 所示。

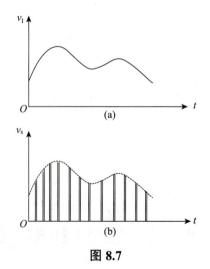

图 8.7

2. 量化和编码

在数字表示系统中,任何数字量的大小都是依据一个特定的最小数量单位(即量化单位)的整数倍来界定的。因此,当需要将连续变化的取样电压转换为数字量时,必须执行一个过程,即将该电压值转换为该最小数量单位的精确整数倍,这一过程被称为**量化**。最小数量单位叫作**量化单位**,用 Δ 表示。显然,数字信号最低有效位中的 1 表示的数量大小,就等于 Δ。把量化的数值用二进制代码表示,称为**编码**。这个二进制代码就是 A/D 转换的输出信号。

模拟电压是连续的,不一定能被 Δ 整除,因而量化过程不可避免地会引入误差,我们把这种误差称为**量化误差**。

二、取样-保持电路

图 8.8 所示为取样-保持电路的基本形式。其中,N 沟道增强型 MOS 管 T 作为取样开关使用。

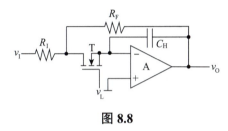

图 8.8

当控制信号 v_L 为高电平时,T 导通,输入信号 v_I 经电阻 R_I 和 T 向电容 C_H 充电。若取 $R_I = R_F$,则充电结束后 $v_O = -v_I = v_C$(v_C 为电容 C_H 上的电压)。当控制信号返回低电平时,T 截止。由于 C_H 无放电回路,所以 v_O 的数值被保存下来。

这也正是该电路的缺点所在,取样过程中需要通过 R_I 和 T 向 C_H 充电,所以使取样速度受到了限制。同时,R_I 的数值不允许取较小值,否则会进一步降低取样电路的输入电阻。

三、并联比较型 A/D 转换器

3 位并联比较型 A/D 转换原理电路如图 8.9 所示,它由电压比较器、寄存器和代码转换器三部分组成。

用电阻链把参考电压 V_{REF} 分压,得到从 $\frac{1}{15}V_{REF}$ 到 $\frac{13}{15}V_{REF}$ 之间的 7 个比较电平,量化单位 $\Delta = \frac{2}{15}V_{REF}$。然后,将这 7 个比较电平分别接到 7 个电压比较器 $C_1 \sim C_7$ 的输入端,作为比较基准。同时,将输入的模拟电压同时加到每个比较器的另一个输入端上,与这 7 个比较基准进行比较。

并联比较型 A/D 转换器的优点:①由于转换是并行的,其转换时间只受比较器、触发器和编码电路延迟时间限制,因此转换速度最快;②使用这种含有寄存器的并行 A/D 转换电路时,可以不用附加取样-保持电路,因为比较器和寄存器这两部分也兼有取样-保持功能。这也是该电路的一个优点。

考生需要注意的是,在实际应用中,这种取样-保持效果不如专门的取样-保持电路那么精确和稳定,特别是在高速或高精度应用中。因此,在要求极高的应用中,仍需要额外的取样-保持电路来确保信号的准确性和稳定性。

并联比较型 A/D 转换器缺点：随着分辨率的提高，元件数目要按几何级数增加。一个 n 位转换器，所用的比较器个数为 2^n-1，如 8 位的并联比较型 A/D 转换器就需要 $2^8-1=255$ 个比较器。由于位数越多，电路越复杂，因此制成分辨率较高的集成并行 A/D 转换器是比较困难的。

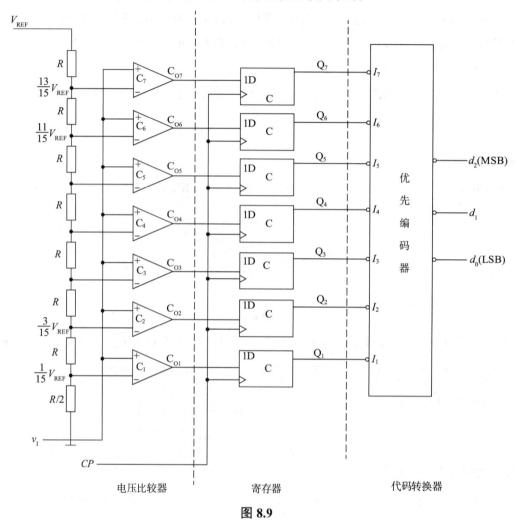

图 8.9

四、反馈比较型 A/D 转换器

反馈比较型 A/D 转换器也是一种直接 A/D 转换器。它的构思是这样的：取一个数字量加到 D/A 转换器上，于是得到一个对应的输出模拟电压，将这个模拟电压和输入的模拟信号相比较，如果两者不相等，则调整所取的数字量，直到两个模拟电压相等为止，最后所取的这个数字量就是所求的转换结果。反馈比较型 A/D 转换器中常采用的有**计数型**和**逐次逼近型**两种方案。

1. 计数型 A/D 转换器

图 8.10 所示为计数型 A/D 转换器的原理性框图。转换电路由比较器 C、D/A 转换器、计数器、脉冲源、控制门 G 以及输出寄存器等几部分组成。

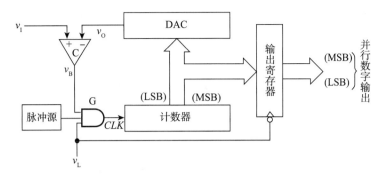

图 8.10

这种方案的明显缺点是转换时间太长。当输出为 n 位二进制数码时,最长的转换时间可达 2^n-1 倍的时钟信号周期。因此,这种方法只能用在对转换速度要求不高的场合。然而由于它的电路非常简单,所以在对转换速度没有严格要求时仍是一种可取的方案。

2. 逐次逼近型

逐次逼近型 A/D 转换器的工作原理可以用如图 8.11 所示的框图来说明。这种转换器的电路包含比较器 C、D/A 转换器、寄存器、时钟脉冲源和控制逻辑 5 个组成部分。

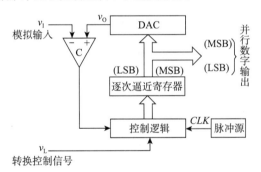

图 8.11

一个输出为 10 位的计数型 A/D 转换器完成一次转换的最长时间可达 $2^{10}-1$ 倍的时钟周期的时间,而一个输出为 10 位的逐次逼近型 A/D 转换器完成一次转换仅需要 12 个时钟周期的时间。而且,在输出位数较多时,逐次逼近型 A/D 转换器的电路规模要比并联比较型小得多。因此,逐次逼近型 A/D 转换器是目前集成 A/D 转换器产品中用得最多的一种电路。

五、双积分型 A/D 转换器

双积分型 A/D 转换器是一种**间接 A/D 转换器**。这一转换过程分为两个阶段:首先,通过积分电路将模拟电压转换为对应的时间长度,时间越短表示电压越高,反之亦然;接着,在固定的时间周期内,使用一个高精度的时钟脉冲计数器来测量并记录下这段时间内的脉冲数。由于脉冲数与输入模拟电压成反比关系,因此通过计数结果即可间接得到与输入电压成正比的数字量。故也将这种 A/D 转换器称为电压-时间变换型(简称 V-T 变换型)A/D 转换器。

图 8.12 所示为双积分型 A/D 转换器的原理性框图及电压波形图,它包含积分器、比较器、计数器、控制

逻辑和时钟信号源几个组成部分。

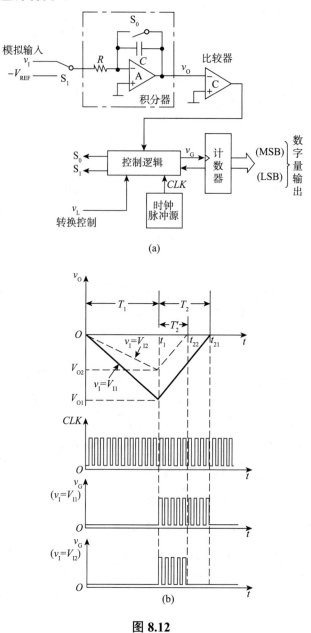

图 8.12

六、V-F 变换型 A/D 转换器

电压-频率变换型 A/D 转换器(简称 V-F 变换型 A/D 转换器)也是一种**间接 A/D 转换器**。在 V-F 变换型 A/D 转化器中,首先将输入的模拟电压信号转换成与之成比例的频率信号,然后在一个固定的时间间隔里对得到的频率信号计数,所得到的计数结果就是正比于输入模拟电压的数字量。

V-F 变换型 A/D 转换器的电路结构框图可以画成图 8.13 所示的形式,它由 V-F 变换器(也称为压控振荡器)、计数器及其时钟信号控制闸门、寄存器、单稳态触发电路等几部分组成。

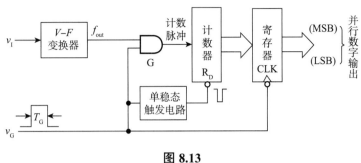

图 8.13

七、A/D 转换器的主要技术指标

1. 转换精度

单片集成的 A/D 转换器的转换精度是用分辨率和转换误差来描述的。

(1) 分辨率——它说明 A/D 转换器对输入信号的分辨能力。

A/D 转换器的分辨率以输出二进制(或十进制)数的位数表示。从理论上讲，n 位二进制数字输出的 A/D 转换器能区分 2^n 个不同等级的输入模拟电压，能区分输入电压的最小值为满量程输入的 $1/2^n$。在最大输入电压一定时，输出位数越多，量化单位越小，分辨率越高。例如 A/D 转换器输出为 8 位二进制数，输入信号最大值为 5 V，那么这个转换器应能区分输入信号的最小电压为 $5\text{ V}/2^8 = 19.53\text{ mV}$。

(2) 转换误差。

表示 A/D 转换器实际输出的数字量和理论上的输出数字量之间的差别，常用最低有效位的倍数表示。例如给出相对误差 $<\pm\frac{1}{2}\text{LSB}$，这就表明实际输出的数字量和理论上应得到的输出数字量之间的误差小于最低位的半个字。

有时也用满量程输出的百分数给出转换误差。例如 A/D 转换器的输出为十进制的 $3\frac{1}{2}$ 位，转换误差为 $\pm 0.005\%\text{FSR}$，则满量程输出为 1 999，最大输出误差小于最低位的 1。

2. 转换速度

通常用转换时间或转换速率来描述 A/D 转换器的转换速度。转换时间是指完成一次转换所需要的时间，而转换速率则表示单位时间里能够完成转换的次数，两者互为倒数。

不同类型的转换器转换速度相差甚远。其中并联比较型 A/D 转换器转换速度最高，8 位二进制输出的单片集成 A/D 转换器转换时间可达 50 ns 以内；逐次逼近型 A/D 转换器次之，它们多数转换时间在 10~50 μs 之间，也有达到几百纳秒的；间接 A/D 转换器的速度最慢，如双积分型 A/D 转换器的转换时间大都在几毫秒至几十毫秒之间。在实际应用中，应从系统数据总的位数、精度要求、输入模拟信号的范围及输入信号极性等方面综合考虑 A/D 转换器的选用。

斩题型

题型1 D/A 转换器常见计算

例1 4位权电阻网络D/A转换器如图8.14所示，如果把输入的二进制数从4位增加到6位，并选最高位的权电阻为 $1\,\text{k}\Omega$，则其他各支路的电阻阻值各为多少？设 $R_F = \dfrac{R}{2}$，求导出输出电压的表达式。

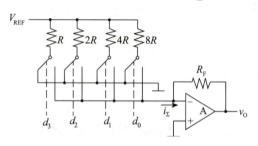

图 8.14

解析 高位上的权电阻应为相邻低位权电阻的 $\dfrac{1}{2}$，因此当把输入的二进制数从4位增加到6位时，d_4 上的权电阻应为 $\dfrac{R}{2}$，d_5 上的权电阻应为 $\dfrac{R}{4}$，如图8.15所示。

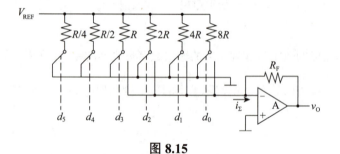

图 8.15

若最高位的权电阻为 $1\,\text{k}\Omega$，则次高位的权电阻为 $2\,\text{k}\Omega$，d_3、d_2、d_1、d_0 上的权电阻分别为 $4\,\text{k}\Omega$、$8\,\text{k}\Omega$、$16\,\text{k}\Omega$、$32\,\text{k}\Omega$。

当 $R_F = \dfrac{R}{2}$ 时，输出电压

$$v_O = -i_\Sigma \cdot \dfrac{R}{2} = -\dfrac{V_{REF} \cdot \dfrac{R}{2}}{8R} \sum_{i=0}^{5}(d_i \cdot 2^i) = -\dfrac{V_{REF}}{16}\sum_{i=0}^{5}(d_i \cdot 2^i)$$

例2 在图8.16给出的D/A转换器中，试求：

(1) 1 LSB产生的输出电压增量是多少？

(2) 输入为 $d_9\cdots d_0 = 1000000000$ 时的输出电压值是多少？

(3)若输入以二进制补码给出,则最大的正数和绝对值最大的负数各为多少?它们对应的输出电压各为多少?

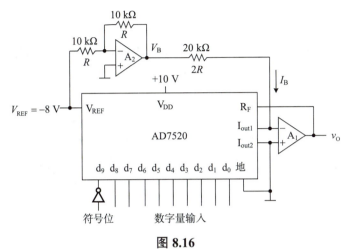

图 8.16

解析 根据题意,其是一个具有双极性输出的 D/A 转换器,其中 A_2 是放大倍数为 1 的反相放大器,它的输出电压为

$$V_B = -V_{REF} = 8 \text{ V}$$

$I_B = \dfrac{V_{REF}}{2R}$,其大小与 $d_9 = 1$ 时 AD7520 的输出电流 I_{out} 相等,所以符合双极性输出对偏移电流大小和极性的要求。双极性输出 D/A 转换器输出电压为

$$v_O = -\dfrac{V_{REF} R_F}{2^n R}(D - 2^{n-1}) = \dfrac{8}{2^{10}}(D - 2^9) \text{ V}$$

根据以上公式推导,可以得到:

(1) 1 LSB 产生的输出电压增量为 $\Delta v_O = \dfrac{8}{2^{10}} \text{ V} = 7.8 \text{ mV}$。

(2) 当 $D = (\mathbf{1000000000})_2 = 2^9$ 时,$v_O = 0$。

(3) 输入的最大正数为 $(\mathbf{0111111111})_2$,最高位为符号位。为得到正确的双极性输出电压,必须将符号位反相以后加到 D/A 转换器的最高位输入,所以这时的输入为

$$D = d_9 d_8 d_7 d_6 d_5 d_4 d_3 d_2 d_1 d_0 = (\mathbf{1111111111}) = 2^{10} - 1$$

故得到

$$v_O = \dfrac{8}{2^{10}}(2^{10} - 1 - 2^9) = \dfrac{8}{2^{10}}(2^9 - 1) = 3.99 \text{ (V)}$$

输入的最大负数为 $(\mathbf{1000000000})_2$,将符号位反相以后得到

$$D = d_9 d_8 d_7 d_6 d_5 d_4 d_3 d_2 d_1 d_0 = (\mathbf{0000000000})_2$$

故此时的输出电压值为

$$v_O = \dfrac{8}{2^{10}}(-2^9) = -4 \text{ (V)}$$

题型 2 A/D 转换器指标计算

> **破题小记一笔**
>
> A/D 转换器的计算一般分为两类：①普通 A/D 转换器；②具有双极性的 A/D 转换器。两类 A/D 转换器的计算方式有一定差别。对于第一类，按照普通电压计算公式即可；对于第二类，还需要考虑偏移电压对电路的影响。

例 3 若将图 8.17 并联比较型 A/D 转换器输入数字量增加至 8 位，并采用图 8.18 所示的量化电平划分方法，试问最大的量化误差是多少？在保证 V_{REF} 变化时引起的误差 $< \frac{1}{2} \text{LSB}$ 的条件下，V_{REF} 的相对稳定度 $\left(\dfrac{\Delta V_{REF}}{V_{REF}} \right)$ 应为多少？

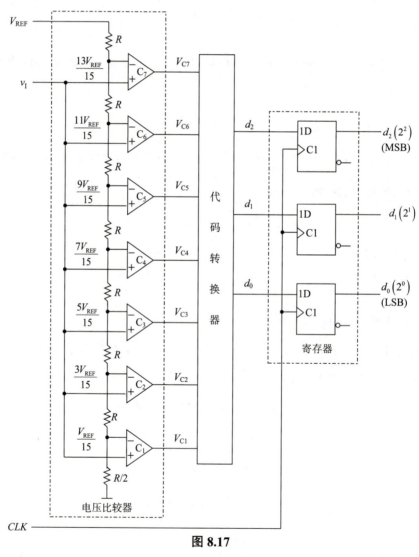

图 8.17

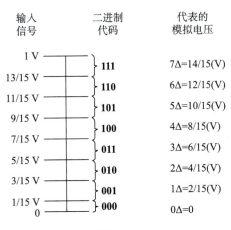

图 8.18

解析 根据题意，量化单位应取为

$$\Delta = \frac{2V_{REF}}{2^9-1} = \frac{2V_{REF}}{511}$$

最大量化误差为

$$\frac{1}{2}\Delta = \frac{V_{REF}}{511}$$

因为 ΔV_{REF} 在最高位比较器的基准电压上引起的误差最大，所以应保证这个误差小于 $\frac{1}{2}$ LSB，故得到

$$\Delta V_{REF} \cdot \frac{509}{511} < \frac{1}{511} V_{REF} \Rightarrow \Delta V_{REF} < \frac{1}{509} V_{REF}$$

即

$$\left|\frac{\Delta V_{REF}}{V_{REF}}\right| < 0.2\%$$

题型 3　取样 - 保持相关题型

例 4　试着灵活修改取样-保持电路。要求详细说明修改过程及原理。

解析　图 8.19 所示为单片集成取样-保持电路 LF198 的电路原理图及符号，它是一个经过改进的取样-保持电路。图中 A_1、A_2 是两个运算放大器，S 是电子开关，L 是开关的驱动电路，当逻辑输入 v_L 为 **1**，即 v_L 为高电平时，S 闭合；v_L 为 **0**，即 v_L 为低电平时，S 断开。

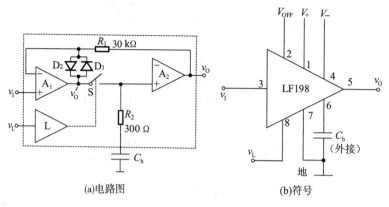

(a)电路图　　　　　　　　(b)符号

图 8.19

当 S 闭合时，A_1、A_2 均工作在单位增益的电压跟随器状态，所以 $v_O = v_O' = v_I$。如果将电容 C_h 接到 R_2 的引出端和地之间，则电容上的电压也等于 v_I。当 v_L 返回低电平以后，虽然 S 断开了，但由于 C_h 上的电压不变，因此输出电压 v_O 的数值得以保持下来。

在 S 再次闭合以前的这段时间里，如果 v_I 发生变化，v_O' 可能变化非常大，甚至会超过开关电路所能承受的电压，因此需要增加 D_1 和 D_2 构成保护电路。当 v_O' 比 v_O 所保持的电压高(或低)于一个二极管的压降时，D_1(或 D_2) 导通，从而将 v_O' 限制在 $v_I + v_D$ 以内。而在开关 S 闭合的情况下，v_O' 和 v_O 相等，故 D_1 和 D_2 均不导通，保护电路不起作用。

解习题

1. 在如图 8.20 所示的权电阻网络 D/A 转换器中，若取 $V_{REF} = 5\ \text{V}$，试求当输入数字量为 $d_3 d_2 d_1 d_0 = \mathbf{0101}$ 时输出电压的大小。

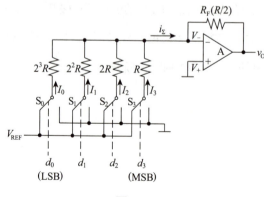

图 8.20

权电阻网络转换器的输出电压公式为 $v_O = -\dfrac{V_{REF}}{2^n}(d_{n-1}2^{n-1} + d_{n-2}2^{n-2} + \cdots + d_1 2^1 + d_0 2^0)$

解析 根据题意,当输入数字量为 $d_3 d_2 d_1 d_0 = \mathbf{0101}$ 时,输出电压为

$$\begin{aligned} v_O &= -\dfrac{V_{REF}}{2^4}(d_3 2^3 + d_2 2^2 + d_1 2^1 + d_0 2^0) \\ &= -\dfrac{5}{2^4}(0\times 2^3 + 1\times 2^2 + 0\times 2^1 + 1\times 2^0) \\ &= -1.562\,5\,(\text{V}) \end{aligned}$$

2. 在图 8.21 给出的倒 T 形电阻网络 D/A 转换器中,已知 $V_{REF} = -8\,\text{V}$,试计算当 d_3、d_2、d_1、d_0 每一位输入代码分别为 **1** 时在输出端所产生的模拟电压值。

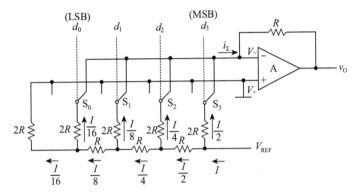

图 8.21

解析 根据倒 T 形电阻网络 D/A 转换器的输出电压计算公式

$$\begin{aligned} v_O &= -\dfrac{V_{REF}}{2^4}(d_3 2^3 + d_2 2^2 + d_1 2^1 + d_0 2^0) \\ &= \dfrac{1}{2}(d_3 2^3 + d_2 2^2 + d_1 2^1 + d_0 2^0)\,\text{V} \end{aligned}$$

由上式即可算出 d_3、d_2、d_1、d_0 每一位输入代码分别为 **1** 时在输出端产生的模拟电压值分别为 4 V、2 V、1 V 和 0.5 V。

3. 在如图 8.22 所示的 D/A 转换电路中,给定 $V_{REF} = 5\,\text{V}$,试计算

(1) 输入数字量的 $d_9 \sim d_0$ 每一位为 **1** 时在输出端产生的电压值;

(2) 输入为全 **1**、全 **0** 和 **1000000000** 时对应的输出电压值。

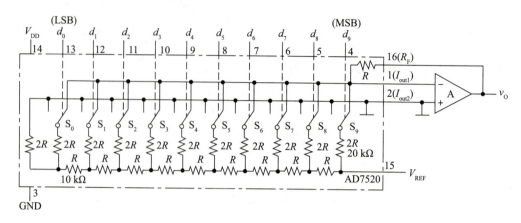

图 8.22

解析 （1）这是一个典型的CB7520 D/A转换电路(是倒T形的一种)原理图。根据倒T形输出模拟电压计算公式得

$$v_O = -\frac{V_{REF}}{2^n}D_n$$
$$= -\frac{5}{2^{10}}(d_9 2^9 + d_8 2^8 + \cdots + d_1 2^1 + d_0 2^0)\ \text{V}$$

根据上式即可求出 $d_9 \sim d_0$ 每一位的 **1** 在输出端产生的电压分别为 –2.5 V、–1.25 V、–0.625 V、–0.313 V、–0.156 V、–78.13 mV、–39.06 mV、–19.53 mV、–9.77 mV、–4.88 mV。

（2）输入为全 **1**、全 **0** 和 **1000000000** 时的输出电压分别为 –4.995 V、0 和 –2.5 V。

4. 在图8.22中，由AD7520所组成的D/A转换器中，已知 $V_{REF} = -10\ \text{V}$，试计算当输入数字量从全 **0** 变到全 **1** 时输出电压的变化范围。如果想把输出电压的变化范围缩小一半，可以采取哪些方法？

解析 根据公式

这不是LSB，LSB表示最低位有效
即MSB

$$v_O = -\frac{V_{REF}}{2^n} \cdot D_n = \left(\frac{10}{2^{10}} \times D_n\right)\ \text{V}$$

将 $D = 0$、$D = 2^{10} - 1$（全 **1**）代入上式即可求出输入从全 **0** 变到全 **1** 时输出电压的变化范围为 0~9.99 V。如果需要将输出电压的变化范围缩小一半，可采用以下方法：

① 将 V_{REF} 的绝对值减小一半，即改为 $V_{REF} = -5\ \text{V}$；

② 将求和放大器的放大倍数减小一半。为此，求和放大器的反馈电阻不能再使用AD7520内提供的反馈电阻 R，而应在 I_{out1} 与放大器输出端 v_O 之间外接一个大小等于 $\frac{R}{2}$ 的反馈电阻（AD7520内设置的反馈电阻 R 为 10 kΩ）。

5. 如图8.23所示电路是用AD7520和同步十六进制计数器74LS161组成的波形发生器电路。已知AD7520的 $V_{REF} = -10\ \text{V}$，试画出输出电压 v_O 的波形，并标出波形图上各点电压的幅度。AD7520的电路结构如图8.22所示，74LS161的功能表与表6.4相同。

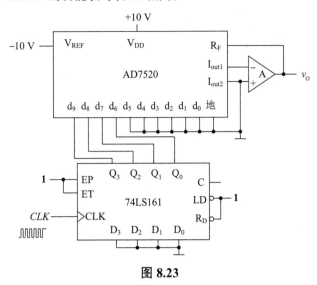

图 8.23

解析 74LS161工作在计数状态的输出端 $Q_3Q_2Q_1Q_0$ 从 **0000～1111** 不停地循环，为AD7520提供周期性输入信号。因此，AD7520的输入 $d_9d_8d_7d_6$ 也从 **0000~1111** 不断循环。代入公式 $v_O = -\dfrac{V_{REF}}{2^n} \cdot D_n$ 计算出 $d_9d_8d_7d_6$ 为 **0000、0001、…、1111** 时对应的输出电压值为 0、0.625 V、…、9.375 V，并得到如图8.24所示的 v_O 电压波形图。

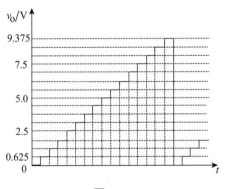

图 8.24

6. 如图8.25所示电路是用AD7520组成的双极性输出D/A转换器。AD7520的电路结构如图8.22所示，其倒T形电阻网络中的电阻 $R=10\ \text{k}\Omega$。为了得到 ±5 V 的最大输出模拟电压，在选定 $R_B=20\ \text{k}\Omega$ 的条件下，V_{REF}、V_B 应各取何值？

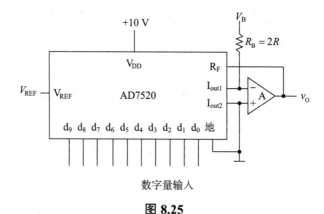

图 8.25

解析 根据题意，由 AD7520 构成的双极性输出 D/A 转换器的输出电压为

$$v_O = -\frac{V_{REF} R_F}{2^n R}(D_n - 2^{n-1})$$

在 $R_F = R$ 的条件下，为使 $D = 0$ 时和 $D = 2^{n-1}$ 时输出电压幅度均为 5 V，则应取 $V_{REF} = 10$ V。

为实现双极性输出，V_B 提供的偏移电流大小应与 $d_9 = 1$ 而其余各位为 0 时的输出电流 I_{out} 相等。又知 $d_9 = 1$ 产生的输出电流为 $\dfrac{V_{REF}}{2R}$，所以得到

$$\frac{|V_B|}{R_B} = \frac{V_{REF}}{2R}$$

$$|V_B| = \frac{R_B}{2R} V_{REF} = V_{REF} = 10 \text{ (V)}$$

V_B 的极性应与 V_{REF} 相反。当 $V_{REF} = 10$ V 时，应取 $V_B = -10$ V。

7~10. 略。

11. 如图 8.26 所示电路是用 D/A 转换器 AD7520 和运算放大器构成的增益可编程放大器，它的电压放大倍数 $A_v = \dfrac{v_O}{v_I}$ 由输入的数字量 $D(d_9 \sim d_0)$ 来设定。试写出 A_v 的计算公式，并说明 A_v 的取值范围。

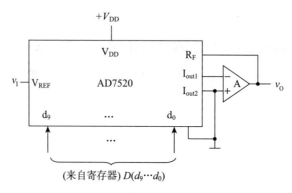

图 8.26

解析 根据题意,图中 AD7520 构成 D/A 转换器的输出电压以及 A_v 计算公式为

$$v_O = -\frac{V_{REF}}{2^n}D_n = -\frac{v_I}{2^{10}}D_n$$

故得到

$$A_v = \frac{v_O}{v_I} = -\frac{D_n}{2^{10}}$$

D_n 的取值范围为 **0000000000 ~ 1111111111**,故 A_v 的取值范围为 $0 \sim -\frac{2^{10}-1}{2^{10}}$。

12. 如图 8.27 所示电路是用 D/A 转换器 AD7520 和运算放大器组成的增益可编程放大器,它的电压放大倍数 $A_v = \frac{v_O}{v_I}$ 由输入的数字量 $D(d_9 \sim d_0)$ 来设定。试写出 A_v 的计算公式,并说明 A_v 取值的范围是多少?

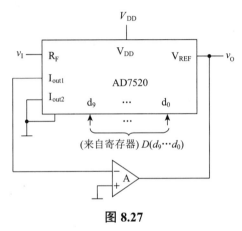

图 8.27

解析 如图 8.28(a)所示,结合 AD7520 中运算放大器的"虚短""虚断"特性,I_{out1} 接运算放大器的"虚地点",近似为 0 电平,这时可将 V_{REF} 与 I_{out1} 之间的电路看作一个等效电阻 R_{EQ}。R_{EQ} 的数值由 $R_{EQ} = \frac{2^n}{D_n}R$ 给出。

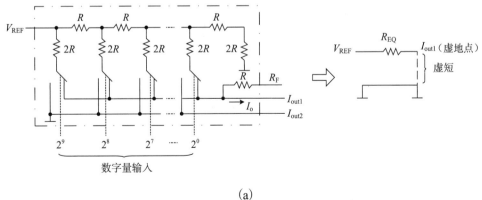

(a)

图 8.28

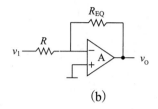

(b)

图 8.28（续）

因此
$$A_v = -\frac{R_{EQ}}{R} = -\frac{2^{10}}{D_n}$$

D_n 的取值范围为 0000000000~1111111111 时，得到 A_v 的取值范围为 $-\infty \sim -\dfrac{2^{10}}{2^{10}-1}$。

13. 如图 8.29 所示的 D/A 转换器中，已知输入为 8 位二进制数码，接在 AD7520 的高 8 位输入端上，$V_{REF}=10\text{ V}$。为保证 V_{REF} 偏离标准值所引起的误差 $\leq \dfrac{1}{2}$ LSB（现在的 LSB 应为 d_2），允许 V_{REF} 的最大变化 ΔV_{REF} 是多少？V_{REF} 的相对稳定度 $\left(\dfrac{\Delta V_{REF}}{V_{REF}}\right)$ 应为多少？AD7520 的电路如图 8.22 所示。

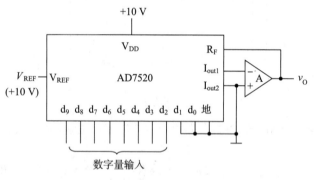

图 8.29

解析 根据题意可知，应满足

$$\frac{2^8-1}{2^8}\Delta V_{REF} < \frac{1}{2}\cdot\frac{V_{REF}}{2^8}$$

$$\Delta V_{REF} < \frac{V_{REF}}{2^9}\cdot\frac{2^8}{2^8-1} \approx \frac{V_{REF}}{2^9} = 19.5 \text{ mV}$$

因此

$$\left|\frac{\Delta V_{REF}}{V_{REF}}\right| \approx \frac{1}{2^9} = 2‰$$

14~20. 略。